新版·科普乐

内容丰富多彩，语言通俗易懂。
重磅推出！

乌龟爬上鳄鱼背

Wugui Pa Shang
Eyu Bei

郑州大学出版社

图书在版编目（CIP）数据

乌龟爬上鳄鱼背 / 庄浪编著. -- 郑州 ：郑州大学
出版社，2015.4
　　（科普乐园 ：新版）
　　ISBN 978-7-5645-2209-4

　　Ⅰ．①乌… Ⅱ．①庄… Ⅲ．①爬行纲－少儿读物
Ⅳ．①Q959.6-49

中国版本图书馆CIP数据核字(2015)第064627号

郑州大学出版社出版发行
郑州市大学路40号　　　　　　　　　　　邮政编码：450052
出版人：王　锋　　　　　　　　　　　　发行部电话：0371-66658405
全国新华书店经销
北京潮河印刷有限公司印制
开本：787 mm×1 092 mm　1/16
印张：11
字数：170 千字
版次：2015 年 4 月第 1 版　　　　　　　印次：2015 年 4 月第 1 次印刷

书号：ISBN 978-7-5645-2209-4　　　　　定价：21.80 元
　　　　　　本书如有印装质量问题，请向本社调换

目 录

第 一 章
爬行动物概述

第 二 章
鳄鱼家族

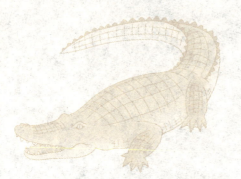

第 三 章

龟鳖家族

第四章

蛇家族

乌龟爬上鳄鱼背

前段时间，叮叮、当当带小朋友们在哺乳动物王国玩了一圈，怕大家不过瘾，这次他们还要去爬行动物世界。看，他们来了。和他们一起来的，还有奥特玛博士。

"嗨，大家好，还认识我吗？我就是那个留着'豆芽'发型的捣蛋鬼叮叮啊！什么？当当在哪儿？这还用问吗？人类虽然以万物之灵长自居，但人毕竟也是动物，'尾巴'当然在后面长着呢！你看她不在这儿吗？"叮叮眯缝着眼睛，一脸坏笑地说道。

当当依然是那么不慌不忙，只听她慢悠悠地说："嗨，大家好，我是'小尾巴'当当。来来来，我给大家介绍一下我们可亲的、可敬的、可爱的、拥有无边智慧的奥特玛爷爷。他看上去虽然——虽然头发少了点，鼻子大了点，不过——还是蛮帅的嘛！"

　　奥特玛爷爷的脸上充满了慈祥的笑容："小朋友，你们好啊！我是你们的奥特玛爷爷，正要带这两个小鬼到爬行动物世界去，那里有长满尖牙的鳄鱼，有老寿星的乌龟，有会变色的蜥蜴，还有会喷毒的蛇……你们要一起去看看吗？哦，你们问那个拥有超能量又变化无穷的万能电子魔盒啊，那不，'小豆芽'已经把它改造成了一个发夹，别在他那颗豆芽上了。"

　　"爷爷，还不走啊？"叮叮有些等不及了。

　　"爷爷，您怎么唠叨起来没完了？"当当拉着奥特玛爷爷的手摇晃着，催促道。

第一章

爬行动物概述

爬行类的起源

"万——化——神——通——"叮叮一声高呼，金光乍现，头上的小豆芽也随之翘起。

"你这个臭豆芽，也不打声招呼，吓了我一跳，以后再也不叫你哥哥了。"当当生气地说。

"好尾巴，好当当，别生气，下次不敢了。"叮叮赶紧道歉。

"你们别闹了，看，已经到了。"这时奥特玛博士走过来阻止了他们。

"啊，爬行动物城！"当当惊讶道。

"怎么比以前还快，爷爷，您是不是把万能电子魔盒改进了？"叮叮用手挠着头问道，表情有些吃惊。

"你说得没错，其实世间万物皆是如此，只有不断改进才有提高，"奥特玛博士看了看叮叮，说，"走吧，我们进去看看！"

　　爬行动物到底有多少种，谁也无法说清，各种统计数据相差千种，而新的种类还在不断被鉴定出来。大体来说，爬行动物现在应该有8000种之多。爬行类是由距今约3亿年前石炭纪的迷齿类（地球上最早出现的陆栖脊椎动物）两栖动物演化而来的。石炭纪末期，地球上的气候曾经发生剧变，部分地区出现了干旱和沙漠，使原来温暖而潮湿的气候一下子变成了干燥的大陆性气候——冬寒夏热。植物界也随着气候的变化而发生了变化，大多数植物被裸子植物所代替，致使很多古代两栖类灭绝或再次入水。而具有适应陆生身体结构以及羊膜卵的古代爬行类则能生存并在斗争中不断发展，并将两栖类排挤到次要地位。到了中生代，爬行类几乎遍布全球的各种生态环境，中生代也因而被称为爬行动物时代。

　　爬行动物是第一批真正摆脱对水的依赖，开始适应各种不同的陆地生活环境，继而征服陆地的脊椎动物。它们也是统治陆地时间最长的动物，其主宰地球的中生代也是整个地球生物史上最引人注目的时代。在那个时代，爬行动物不仅是陆地上的绝对统治者，还统治着海洋和天空，地球上没有任何一类其他生物有过如此辉煌的历史。现在虽然已经不再是爬行动物的时代，大多数爬行动物的类群也已经灭绝，但是就种类来说，爬行动物仍然是非常繁盛的一群，其种类仅次于鸟类而排在陆地脊椎动物的第二位。

　　由于摆脱了对水的依赖，爬行动物的分布受湿度影响较小，而受温度影响较大。现存的爬行动物大多数分布于热带、亚热带地区，在温带和寒带地区则很少，只有少数种类可到达北极圈附近或分布于高山上；而在热带地区，无论湿润地区还是较干燥地区，其种类都十分丰富。

爬行动物特性

爬行动物城到处充满着新奇，叮叮和当当看得是惊叹不已。

"太美了，我的眼睛都不够用了，"叮叮道，"真恨爸爸妈妈少给我生只眼睛。"

"还是就这两只吧，再生一只眼睛，你就成了怪物了。"说到这里，当当忽然把头扭向奥特玛博士说："爷爷，听说爬行动物很早就出现了，它们与其他动物有什么不一样吗？"

奥特玛博士笑了笑，说道："这个问题问得好，走吧，我们边走边说。"

与两栖类动物相比，爬行动物的身体构造和生理机能更加适应陆地生活环境。它们的身体已经明显分为头、颈、躯干、四肢和尾部。口腔内腺体发达，有温润食物、辅助吞咽的作用。舌发达，有捕食器及感受器的功能。颈部较为发达，可以灵活转动，不但增加了捕食能力，还能更充分发挥头部和眼部等感觉器官的功能。骨骼发达，对支持身体、保护内脏和增强运动能力都提供了重要条件。它们的头骨比较高，不同于迷齿两栖类那种通常的扁平形；顶骨以后的骨片有的变小，有的由头骨的顶盖部位移到了枕部，还有的甚至完全消失。大多数爬行动物只有一个枕髁，脊椎骨由一个大的椎侧体和一个缩小成小楔状的椎间体组成，比较进步的类型椎间体消失。原始

的爬行类有两块荐椎骨，不同于两栖类的一块；而在许多进步的爬行动物当中，荐骨由好几块荐椎骨组成，有的类型增加到八块之多。肠骨也随着荐骨的扩大而扩大。原始的爬行类肋骨从头部到骨盆之间是连续的，而且大致相似；但是进步的爬行动物肋骨通常有颈肋、胸肋和腹肋之分。心脏由两心耳和分隔不完全的两心室构成，逐步向把动脉血和静脉血分隔开的方向进化，用肺呼吸。大脑结构比两栖类有了进一步的发展，感觉器官也增加了复杂程度，功能增强。爬行动物体表覆有鳞片，皮肤缺乏腺体，干燥，不透水，无法保持，体温随外界温度改变而改变，且有冬眠现象。它们属变温动物，需要吸收太阳的热量作为运动时所需的能量，有些生活在水里，有些生活在陆地上，但大多数生活在比较暖和的地区。绝大多数爬行动物为卵生，但也有的种类繁殖方式为卵胎生，即卵在母体中先孵化再出生。

我们边走边说。

爬行动物的生殖

三人边看边聊，叮叮说："爷爷，恐龙是远古爬行动物，现代的爬行动物一定跟它有很多相似之处吧。"奥特玛博士点了点头，刚要说话，当当道："爷爷，也就是说现代的爬行动物跟恐龙一样，也是先下蛋，再孵化小生命吗？"奥特玛博士看着当当说："现代爬行动物在生殖方面是还保留着祖先的一些特征，大多数是卵生，但是其中的一些个类却因为生存环境等因素的影响，生殖方式发生了改变。比如说，一些现代爬行动物既能卵生也能直接生小动物，还有的一次受孕终生生殖。"

爬行类动物的繁殖方式与鱼类和两栖类把卵产在水中有所不同，所有爬行动物在生殖季节都会在陆地上或由水登陆进行繁殖。在爬行动物的生殖发育过程中，卵的结构和胚胎发育也会出现一些变化。它们采用体内受精，摆脱了生殖发育中受精时对水的依赖；卵外包着坚硬的石灰质外壳，能防止卵内水分的蒸发；胚胎发育中出现羊膜和羊水，羊膜卵的出现，使胚胎可以在羊水中发育，既可防止干燥，又能避免机械损伤，从而完全摆脱了在个体发育中对水的依赖，真正适应了陆地生活。

羊膜卵内有大的卵黄囊，用来储存卵黄，以保证胚胎发育过程中营养的供给。卵外包以保护性的卵壳，或柔韧如皮革、或为坚硬的石灰质壳，以防止卵内水分蒸发，避免

机械的或细菌的伤害。卵壳表面有许多小孔，有良好的通气性能，保证了胚胎发育期间的气体代谢。羊膜腔内为充满羊水的密闭腔，胚胎浸于其中。这为胚胎提供了一个发育所需要的水环境。在胚胎发育至原肠期后，胚胎周围产生向上突起的环状褶皱，环绕胚胎生长，最终将胚胎包在一个具有两层膜的囊中，外层为绒毛膜，内层为羊膜。胚胎后肠突出形成尿囊，位于羊膜和绒毛膜之间，收集胚胎代谢产生的废物尿酸，同时尿囊膜上布满的毛细血管，还能充当胚胎的"肺"，使氧气和二氧化碳通过多孔的卵壳在尿囊膜上进行气体交换。与鱼类和两栖类相比，爬行动物的体内受精方式大大提高了受精的成功率，受精卵在体内发育，也使幼体出生率大大提高。

爬行类动物的繁殖方式有卵生、卵胎生、孤雌生殖等。那么，什么是卵生、卵胎生、孤雌生殖呢？

卵生

　　动物的受精卵在母体外独立发育的过程即卵生，其特点是在胚胎发育中，完全靠卵自身所含的卵黄作为营养。卵生在低等动物中很普遍，卵生动物把卵或受精卵排出体外，受精卵在体外发育时，会受到温度、敌害等多种因素的影响，孵化率并不是很高；为了提高幼体出生率，卵生动物每次排出的卵特别多，用"以多取胜"的方法来保证它们种族的延续。

胎生

　　动物的受精卵在母体子宫里发育成熟的过程叫胎生。胎生动物的受精卵一般都很小，卵黄物质也很少。胎生动物在母体内受精并发育成胚胎，胚胎在子宫内，通过胎盘与母体相连，吸收母体血液中的营养成分及氧气，二氧化碳及代谢废物等也通过母体血液排出。待胎儿成熟，子宫收缩把幼体排出体外，形成一个独立的生命体。胎生动物进行体内受精和体内发育，受精卵由于有了母体的保护，发育率有了极大的提高，所以胎生动物每次排出的卵的数量较卵生动物少得多，这类动物讲究的是"以稳取胜"。

卵胎生

卵胎生介于卵生和胎生之间，是动物对不良环境的长期适应形成的繁殖方式，同时具有卵生和胎生的特点：像胎生一样，卵胎生动物的受精卵不排出体外，不靠外界环境来孵化，而是留母体之内，待发育成小动物后再产出；但是，卵胎生动物在母体内发育时，不像胎生动物那样由母体供应营养，仍主要靠受精卵本身的营养，实质上仍还属卵生。卵胎生动物的母体对胚胎主要起保护和孵化作用，孵化存活率比卵生较有保障。

孤雌生殖

所谓孤雌生殖，即雌性单独的卵细胞，不需要精子结合和刺激也可以发育成后代的生殖方式。爬行动物中有29个种类具有这种生殖方式，如盲蛇科的钩盲蛇和毽蜥科的腊皮蜥等。龟鳖、喙头蜥目及鳄鱼中还没有发现具有孤雌生殖的种类。

爬行动物的捕食技巧

　　说话间，三人来到了一片水域边，当当突然叫道："你们看，水面上怎么有几只眼睛？"

　　"有什么大惊小怪的，过去看看不就知道了。"叮叮说着便向河边走去。

　　"不能过去，危险！"奥特玛博士刚要阻拦，已经来不及了。

　　叮叮刚到水边，只见水面顿时翻起浪花，还有条黑乎乎的东西打了过来，幸亏他躲得快，不然非得下水不可。叮叮心有余悸地问道："爷爷，那是什么东西啊？怎么躲在水底下吓人呢？"

　　奥特玛博士沉着脸严厉地说："它们那可不是吓你，而是想吃了你，以后在事情没弄清楚之前，千万不能鲁莽！"

　　叮叮从头上拿下他改成发夹的万能电子魔盒说："看我怎么收拾它。"

　　"算了吧，"奥特玛博士拉住他说，"这也是它们的捕食之道。"

爬行动物的捕食方式有很多种，所属种类不同采取的方式也不同，一般采取伪装、引诱、恐吓、变色等方式。

鳄鱼是伪装捕食的高手。捕食时，它往往在河边一动不动，只把眼睛露在外面，好像一根木头。不知情的野猪、野羊等到河边饮水时，会被鳄鱼用强有力的尾巴扫入河中，最后成为鳄鱼的口中美餐。

有些蛇则是用自己的尾巴尖当作诱饵来引诱猎物的。它们的尾巴通常和体色不太一样，很像某些昆虫的幼虫。捕食时它们把尾巴甩在离头部较远的地方，一旦有小动物上钩，马上捕获。响尾蛇因尾部会发出很像小溪流水的声音，某些口渴的小动物会被引诱至此而丧命。眼镜蛇如果碰上较大的、具有抵抗力的动物时，通常会先将头部和身体前部高高立起，颈部变得宽扁，暴露出其特有的眼镜样斑纹，频繁地伸出又细又长、前端分叉的舌头，来恐吓对方，从而达到目的。

利用变色捕食的最典型代表是变色龙，它的身体在光线强的地方呈绿色，在光线弱下呈褐色……总之，它们能随着周围环境的变化而变换体色，当被捕食者靠近时可以毫不费力地将其擒获。

爬行动物的生存技巧

　　"小豆芽，看你以后还听不听话！"当当一边帮叮叮拧着被溅湿的衣服一边说。

　　当当不停地说着，可叮叮却在皱着眉头思索着什么，一句也没听进去。忽然他抬头问道："爷爷，这些家伙捕食都得用偷袭的方式，就说明它们的奔跑能力比较差，那它们在遇到敌人时，是如何逃生的呢？"

　　"任何动物都有自己的生存之道。"奥特玛博士将了将山羊胡子说，"何况快速奔跑并不是最好的逃生技能，更不是唯一的逃生技能啊！"

　　"还有更好的逃生技能吗？"叮叮和当当问完，急切地等待下文。

　　为了适应变化多端的自然环境，爬行动物都有自己的一套生存技巧。例如，它们把自身颜色变得与周围环境非常接近，以此来隐蔽自身、躲避敌害，在生存竞争当中保全自己。在沙漠生活的爬行动物，如沙蜥等的体色与沙土非常接近；生活在草丛中的蛇也多呈绿色；盘曲在树上的蟒蛇的体色也多与树的颜色相一致。

　　保护色多半是为了把自己巧妙地隐藏起来，干扰敌人的视线，使自己不易被发

现，而有些动物完全与此相反，它们体色鲜明，完全把自己暴露出来，使自己特别容易被发现，告诉别的动物——别碰我，我很危险。这种即为警戒色。与保护色的最大不同是，具有警戒色的动物往往会对捕食者构成威胁或伤害，其艳丽夺目的体色成为捕食者终身难忘的预警信号。具有警戒色的动物通常是有毒的、有恶臭的或不可食的。爬行动物中最典型的警戒色是某些毒蛇的体色。

　　机体的一部分在损坏、脱落或被截断之后重新生成的过程叫再生。壁虎就是以再生来逃避敌害的。被咬去尾巴之后，过一段时间，壁虎又会长出新的尾巴，只是稍微小一些，颜色和花纹浅一些罢了。其实，人体也有很强的再生功能，但是这些只是细胞核组织层面的再生。如被划破的皮肤会自己愈合、跌断的骨头可以合拢、毛发落了会重新长出、红细胞等人体的细胞会定期更新。这些都是人体再生能力的体现，只是我们看不到而已。然而对人类最有意义的是器官再生。如果一个人失去了腿脚或手臂，切除了心脏或肝脏之后，能像壁虎一样再长出新的来，那该有多好呀！

爬行动物趣事

　　三人来到一棵树下休息。一缕阳光透过树叶的间隙照在叮叮的脸上，他顺着光线往上看，只见树枝上有两只小动物。一只趴着不动，一只在它周围跳来跳去，忙得不亦乐乎。

　　叮叮扭头见当当也抬头看得入神，便问奥特玛博士："爷爷，它们在干嘛呢？"

　　博士抬头看了看，笑着说："那只跳个不停的是雄性，它在向那只趴着不动的雌性求婚呢。"

　　"求婚，真有趣。爷爷，爬行动物中还有其他有意思的事吗？"

　　"有，在动物世界，特别是爬行动物中，有趣的事情多了。只要你们认真做好这次资料采集，有趣的事会灌满你们的小脑袋。"

别样的求偶

爬行动物的求偶方式种类繁多：雄变色龙会以各种动作来引诱异性，它们在树枝上蹦跳不息，有时还会在同性之间展开一场搏斗。面对雄变色龙的百般献媚，雌变色龙从不流露出任何特殊的举动，仅是躲在角落里，远远地看着而已。与之不同，蝮蛇由雌蛇来向雄蛇"求爱"。到了发情期，雌蛇能释放一种特殊的气味，吸引雄蛇。接到雌蛇的"邀请"，雄蛇就会迅速朝气味浓重的地方爬去。而一向被人们视为冷酷无情的鳄鱼，在配偶面前，也会一反平时凶悍残暴的常态，温柔体贴，雌雄相爱，寸步不离。

让爱情变得忠贞

一种雄性花纹蛇与另一种褐色小雌蛇交配后，会立即在"爱妻"的泄殖腔中放上一个"塞子"。这个"塞子"由雄蛇的一种分泌物组成，可以防止其他雄蛇与自己的"爱妻""偷情"，形成受精卵之后，"塞子"才会被排出体外。

巧布迷魂阵

　　海龟多在夜深人静时上岸产卵，它们一旦选好合适场所，会立刻用头和肢体掘出一个深深的沙坑，把卵产在里面，然后便用前肢拨动沙土，把卵掩埋起来。更狡猾的是为了不露出一丝痕迹，它们还会在埋了卵的沙坑附近东挖西掘，以假乱真，布下一个令人眼花缭乱的"迷魂阵"。细心的雌变色龙产卵后，也会像海龟一样，把洞穴用泥土埋好，还会盖上一些枯枝残叶作为伪装。大多数雌蛇在产卵以后，都会离开产卵地，任其自由孵化。但雌蟒蛇有所不同，它们产卵后不但不会离开，还会日夜守护在卵的周围，精心照料，直到小蛇孵化出来为止。

铁骨柔情

　　在爬行动物中，鳄鱼有着血盆大口、锋利的牙齿、坚硬的皮肤和有力的尾巴，显得非常凶猛恐怖，但是，它们在照顾小鳄鱼时却显得格外温顺。雌鳄鱼产卵后，不吃不喝，像警卫一样日夜守候在卵的附近，保护着卵的安全。几十天之后，小鳄鱼孵出来了，鳄鱼妈妈会把小基本的生存技巧。地把即将破壳的鳄鱼衔在口中，轻轻地放入水中，教它们学习鳄鱼爸爸也很温顺，它们还会"笨手笨脚"卵衔在口中，上下使劲一压，帮助小鳄鱼去掉外面的卵壳。刚刚出生的小鳄鱼总是啼哭不停，但它们只要一接触"父母"的嘴巴，立即就停止了原先那种急促的尖叫。小鳄鱼的抵抗能力很弱，所以鳄鱼"父母"在很长一段时间里都会陪伴着它们。

爬行动物与人类的关系

"小豆芽，爬行动物长得可真丑。"休息的时候当当忽然说。

"我很丑，但我很温柔。"叮叮随口说道。

"温柔个啥啊，你看鳄鱼的凶相，前些时候还差点把你打到水里，你说我们还保护它干什么啊。"当当有点不服气。

"尾巴同学，此言差矣。"叮叮一副老夫子的样子。

"你快停下吧，我的牙都被你酸倒了。"当当撇着嘴道。

"小尾巴，你知道吗？爬行动物对人类的贡献可远比你想象中的大，比如，壁虎吃蚊子，蛇吃老鼠……许多爬行动物还是名贵的药材呢，有的还具有极高的科学价值，你说世界上没有这些丑陋的朋友行吗，我的小尾巴？"

生态系统中的作用

　　爬行动物为变温动物，主要依靠吸收太阳的辐射热来维持和提高体温。由于新陈代谢率低，对自然界内作为热量来源的营养物质消耗也少，它们所摄入的大部分能量都能通过同化作用而转变为自身的生物量，其净生产力可达到30%～90%，远远超过恒温动物。大多数爬行动物都是杂食或肉食类，蜥蜴和蛇类通过大量捕食昆虫及鼠类等摄入能量而有益于农牧业生产。许多爬行动物又是食肉兽和猛禽的食物及能量的来源之一，对维持陆地生态系统的稳定性，以及为自然界提供能量来说，起了不可忽视的作用。

　　许多爬行动物肉鲜味美，富有脂肪、蛋白质及多种氨基酸等营养成分，对身体有滋补和治疗作用。两广地区以眼镜蛇、金环蛇和灰鼠蛇为原料制作生产的三蛇菜、三

蛇酒、三蛇胆远近驰名；鳖是名贵的滋补食品，就连甲周缘的裙边，也是脍炙人口的佳肴；海龟肉、龟蛋、鳍脚、脊肌、腹甲骨片缝间的黄脂肪等是太平洋上许多岛屿居民喜爱的美食。海龟的皮富有韧性，花纹美观，不但可以制作皮带、皮鞋、提包、钱袋等工艺品，有些还能用作胡琴、手鼓等民族乐器的琴膜及鼓皮。我国用于入药的爬行动物更是数不胜数。

此外，我国对蛇毒研究已由蛇毒血清的试制，逐步深入到有关蛇毒的生化及其综合利用方面。目前已制成的眼镜蛇毒注射剂具有比吗啡更有效和更持久的镇痛作用；蝰蛇毒可使血液中的纤维蛋白原变成纤维蛋白而形成凝血块，可用0.1%蝰蛇毒的灭菌溶液治疗血友病等的出血；而且，蛇类对地壳内部的剧烈震动、地温升高及地面发生反常的运动等，具有很强的敏感性，因而可能在地震前表现出反常的行为，为人类防震研究提供了不可忽视的帮助；随着仿生学的发展，科学家还根据毒蛇颊窝的构造及其独特的热测位器作用，把研究成果应用到红外线测位仪上，并制成具有高度精确性和能追踪飞机、潜艇、车辆的响尾蛇导弹及火箭自导装置等；从海龟洄游路线的导航机制可启发改善航海仪器的研究。

第二章

鳄鱼家族

鳄鱼是鱼吗

叮叮三人来到一片宽阔的水域旁，叮叮想看看水里有什么东西，不过这次他站得离水远远的，因为他怕水里再突然甩出个大尾巴。

叮叮正看得入神，当当拍了他一下道："鳄鱼！"吓得叮叮扭头就跑，直到听见当当的笑声才知道自己上当了。

"想什么呢？小豆芽。"

"我在想鳄鱼既然不是鱼，为什么名字中会带个'鱼'字呢？"

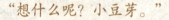

鳄鱼属脊椎动物爬行虫纲，卵生冷血肉食性脊椎动物，名字中有鱼，但它却不是鱼。它是现存生物与史前时代爬行类动物相联结的最后纽带，是唯一存活至今的初龙，也是祖龙现存唯一的后代。有人把鳄鱼称为鱼，把它看作是鱼一类的水生动物。其实鳄鱼没有鳃，也不是水生动物，只不过鳄鱼又回到水中，形成了一些适应水中生活的特点，具有水陆两栖的本领而已。

鳄鱼，腿短有爪，趾间有蹼，嘴大且长有许多锥形牙齿，腭强而有力。通常体形巨大、笨重，强壮而有力，尾巴长而且厚重。性情凶猛暴戾，视觉、听觉都很敏锐。外表看似笨拙其实动作十分灵活，入水能游，登陆能爬，全身披着坚硬的盔甲，一副时刻准备吃人的神态。再凶猛的动物见了它也只能以守代攻主动避让，绝不敢轻易招

想什么呢？小豆芽。

我在想，鳄鱼既然不是鱼……

惹，以免成为它的口中餐。一提到鳄鱼，我们通常会不由自主地想到它那血盆大口和密布的尖利牙齿，因此人们称之为"爬虫类之王"。

鳄鱼以肺呼吸，由于体内氨基酸链的结构，其呼吸系统的供氧储氧能力较强，因而鳄鱼具有长寿的特征，平均寿命高达150岁。它也是唯一一种水中或水陆全能的猎食者。成年鳄鱼经常潜于水下，只有眼鼻露出水面。它们耳目灵敏，受惊立即下沉，午后多浮水晒太阳，夜间目光分外明亮。牙齿和尾巴是鳄鱼捕猎的重要工具，它们主要以鱼类、水禽、野兔、蛙等为食。除少数鳄鱼生活在温带地区外，大多生活在热带亚热带的河流、湖泊和多水的沼泽地区，也有的生活在靠近海岸的浅滩中。目前公认鳄的品种有20多种，我国的扬子鳄、泰国的湾鳄以及尼罗鳄等都是较有名的品种。因鳄鱼富有观赏价值、药用保健功效，还是名贵食用佳肴，所以世界上不少国家都在积极发展鳄鱼养殖业。

鳄鱼的分类

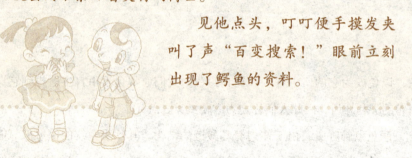

"爷爷，我们的采集工作就从鳄鱼开始吧。"叮叮道。

"好吧，我们就从鳄鱼开始，"奥特玛博士想了想道，"不过，你们得先了解鳄鱼的种类。"

"这个不难，用万能电子魔盒查一下不就得了。"叮叮说罢两眼紧盯着奥特玛博士。

见他点头，叮叮便手摸发夹叫了声"百变搜索！"眼前立刻出现了鳄鱼的资料。

　　鳄，通常为体形巨大、笨重的爬行动物，外表上和蜥蜴稍类似，属肉食性动物。目前公认鳄的品种共23种。由于其像鱼一样在水中嬉戏，故而得名鳄鱼。从白垩纪晚期鳄日趋多样化，大到5米长，小的不足1米，以适应不同生存环境的需要。

　　鳄吻的长短是各鳄类间显著的形态特征之一，按鳄鱼吻部长短可划分为长吻鳄和短吻鳄。而按鳄鱼生活的水域划分又可以分为咸水鳄和淡水鳄，咸水鳄主要集中在温湿海滨，如湾鳄；淡水鳄主要生活在江河湖沼中，如扬子鳄和密西西比鳄。

　　但人们还习惯按鳄鱼体形大小将其分为大型鳄和小型鳄。湾鳄是体形最大的鳄，也是地球上现存最大的爬行动物，其最长个体长达10米，体重超过1吨。体形最小的鳄则是生活在亚马逊河和奥里诺科河流域及两河之间的大西洋沿岸的侏古鳄，一般体长0.9～1.2米，最长者为1.72米。中国的扬子鳄为中小型鳄，身长一般2米左右。

　　而按鳄鱼性情则可分为凶猛鳄和温顺鳄。最凶残的鳄鱼是湾鳄，有"食人鳄"之称，遇上它的人或动物很难生还。在澳大利亚，每年都有相当数量的潜水者葬身于湾鳄腹中。尼罗鳄，也称非洲鳄，也以性情凶猛著称，会主动捕食羚羊、非洲野牛等大型哺乳动物。扬子鳄、侏古鳄等体形较小，性温顺，不主动攻击人。

鳄鱼吞石之谜

"小尾巴，化装侦察怎么样？"

"没问题！"

两人高举万能电子魔盒："魔力千机变——"

话音刚落，叮叮和当当立刻变成两只小鳄鱼，摇摇摆摆地向水边一条大鳄鱼爬去。

"爷爷，爷爷……"奥特玛博士刚想打个盹儿，就听见有人叫。睁眼一看，身边趴着一只鳄鱼，吓了他一跳。但博士仔细一听，声音竟是从它嘴里发出来的，再仔细一看，发现此鳄鱼是叮叮所变。

"叮叮你怎么又回来了？"奥特玛博士揉揉眼道。

"爷爷，你猜我刚才看见了什么？"叮叮神秘地说。

"看见了什么？"奥特玛博士连忙坐起身来。

"我看见一条鳄鱼居然在吃石块，你说奇怪不奇怪？"

"哦，鳄鱼吃石块是很正常的事情，那只是生理的需要。"

  一提到鳄鱼，你可能立刻会想到血盆大口、尖利牙齿、坚硬盔甲、坚硬有力的尾巴等，好像鳄鱼生来就是为了吃肉。鳄鱼的胃口特别好，能吞下海龟、鱼类、鸟类以及长颈鹿、野牛、狮子等大型动物，有时甚至为捍卫地盘还自相残杀。鳄鱼的胃部可谓是藏龙卧虎之地，几乎什么东西都能装下。令人难以置信的是，鳄鱼还会经常吃一些石块，以便促进消化。人类的口腔有初步消化的功能，食物可以在牙齿的咀嚼下，被唾液初步消化。但是，鳄鱼的牙齿与人类的牙齿不同，它的牙齿虽然锋利，但是没有咀嚼功能，只能撕碎食物，食物在口腔里基本是被囫囵吞下的，进入鳄鱼的胃之后，要靠沉积在胃内的石块来磨碎猎物的骨头和硬壳。可见，石块是鳄鱼的"粉碎机"和"消化剂"。然而，石块对于鳄鱼来说可不单单这一点儿作用——研究称，像一个小潜水艇似的水中鳄鱼，吞下的大石块会永远呆在它们的肚子中，这些石块被当作"压舱物"，可以增加鳄鱼的体重，利于鳄鱼下潜，不至于被激流冲走，从而提高潜水能力和对水生活的适应能力。奇怪的是，被吞的乱石重量基本维持在鳄鱼体重的1%左右。

鳄鱼的眼泪

"小尾巴，你在这儿发什么呆呢？"叮叮道。

当当没有回答，只是向前努了努嘴。只见前面除了有两条鳄鱼在吃东西，没见有其他可看之物呀。

"哦，它们在流眼泪。"叮叮恍然大悟，"难道它们有什么伤心事？或者它们的亲人去世了？"

"豆芽哥，你回去问爷爷是怎么回事。"

"我才不回去呢，爬来爬去难受死了。"

"那怎么办？"当当问。

"有了！"叮叮说完拉着当当来到一片草丛里，拿出万能电子魔盒小声念道："百变搜索！"魔盒启动搜索程序，不一会儿屏幕上便出现了要找的资料。原来鳄鱼流泪如吞石一样是一种生理现象，并无半点感情色彩。

眼泪被人类赋予了丰富的情感，形容女性流泪的美丽用"带雨梨花"；用"男儿有泪不轻弹"形容男子的坚强。那么，鳄鱼的眼泪代表什么呢？

在古代传说中，鳄鱼的眼泪被当作狡猾奸诈的手段。它面对人、畜、兽、鱼等捕食对象时，往往会先流眼泪，看似一副悲天悯人的样子，使捕食对象被其假象麻痹，对其进攻失去警惕，鳄鱼便在对方毫无防范的状态下将其吞噬；将猎物抓捕到手后，鳄鱼在贪婪吞食的同时，还会假惺惺地流泪不止。于是，鳄鱼的眼泪被当做"假慈悲"，专门用来讽刺那些一面伤害别人、一面装出悲悯善良之态的阴险狡诈之人。

其实，鳄鱼虽常流泪，但并不是在耍诈，而是一种正常的生理现象。科学家研究发现，这种"眼泪"就是鳄鱼眼睛附近的盐腺在作怪。只要鳄鱼吃食，盐腺就会自然地排泄出一种盐溶液。要排泄这些盐分本来可以通过肾脏和汗腺，但是鳄鱼的肾功能不完善，也不能通过出汗排盐，所以只能用眼泪来"发泄"。具有盐腺的动物，其盐腺开口的部位各异，如加拉帕哥斯的海鬣蜥的盐腺开口于鼻腔前部；而海蛇的舌下盐腺则开口于口腔。盐腺使许多海洋类动物顺利排除体内多余的盐分，所以，盐腺也被称为它们天然的"海水淡化器"。

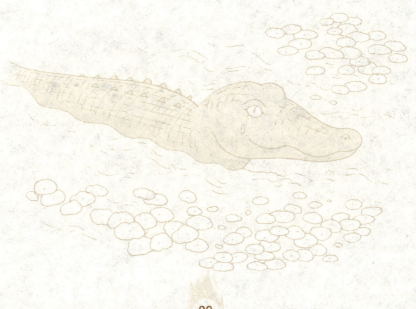

鳄鱼也恨小鬼子

叮叮和当当跟着鳄鱼生活了一天，又是游泳，又是避险，虽然收获不少，可也把两人累得不轻。刚回来叮叮便嚷嚷道："累死我了，累死我了！"

奥特玛博士听了走过来说："孩子，你要记住，世界上没有免费的午餐，想做成一件事，怕累可是不行的。"

"豆芽哥，爷爷，你们看"在一旁拿着万能电子魔盒查找着有关鳄鱼的资料的当当突然喊道。

"什么？"叮叮忙把头凑了过去，"鳄鱼抗日？"叮叮有点不敢相信自己的眼睛。

"走，我们看看去！"当当说罢喊了声"万化神通"。

一片金光过后，他们便通过时光隧道来到了1945年2月19日的兰里岛上。

"哇，真是太惨烈了！"

　　1945年2月19日，太平洋战争接近尾声的时候，在孟加拉湾海域的英国舰队巡逻时截击了一支企图从海上撤回日本的侵缅日军船队。双方展开了激烈的炮战，日军的护航炮艇被击沉。两艘装载有1000多名日军的运输船，慌忙驶到兰里岛附近海湾。

　　日军上岛后的顽强抵抗给英军造成了很大的麻烦。激战到天色渐晚，英国舰队也没能消灭这股日军，于是对小岛进行了海上封锁，准备第二天再战。

　　入夜时分，在岛外指挥部里，英国军人正在讨论战况，岛上突然传来日军激烈的枪声和乱哄哄的喊叫声，让英军非常困惑。舰队指挥官立即下令派遣一艘小艇去调查情况。东方发白的时候，前去侦察的小艇飞速返回指挥舰报告，从艇上下来的侦察兵个个脸色苍白，一副恐惧的样子，连话都说不清楚。当英国军队上岛时才发现，满岛都是被湾鳄撕碎了的日军尸体和上百只被枪弹击毙的湾鳄尸体。原来，当英日海军白

31

天激战时，湾鳄被吓得藏入了水中。天黑以后，随着潮水退去，一群群湾鳄都被岸上死伤士兵身上发出的血腥气味引了出来。疲惫的日军七零八落地躺在地上。正当他们准备好好睡一觉来应付第二天的战斗时，突然，他们白天没有注意到的那些湾鳄蹿出水面，向他们凶猛地扑过来。已经疲惫不堪的日军被突如其来的湾鳄的凶猛进攻惊呆了，他们虽然拼命用机枪、步枪向湾鳄射击，但还是招架不住湾鳄群的凶猛袭击，顷刻间，惨叫哀号之声响遍整个海面。1000多名日军几乎都成了湾鳄口中的美味佳肴。整个小岛都被血水染红了。最后，岛上仅有20名日军士兵幸存下来。

与鸟共舞——尼罗鳄

　　奥特玛博士毕竟上了年纪，连日的奔波让他的身体有点吃不消了，他打算在旅馆里休息几天。叮叮和当当可都是静不下来的家伙，这不，两人又坐上万能电子魔盒变化出的超能飞行器四处游荡去了。

　　他们来到了非洲尼罗河上空，看见岸边有条大鳄鱼在晒太阳，一副昏昏欲睡的样子，身上还停着几只小鸟。在这条大鳄鱼张嘴打哈欠的时候，有两只小鸟竟然跳进了它的嘴里，直到鳄鱼把嘴闭上它们也没出来。

　　"豆芽哥，世上怎么会有这么傻的鸟呢？"

　　叮叮刚要说话，鳄鱼又把嘴张开了，两只小鸟又活生生地出来了，而且一点也看不出惊慌的样子。

　　"真是奇了怪了，怎么会有这种怪事呢？"

　　"是啊，豆芽哥，小鸟在它嘴里停了这么长时间，它竟然没把小鸟吞下去而是又放了出来！"

　　叮叮和当当利用万能电子魔盒的摄像功能把鳄鱼和小鸟拍了下来，输入百变搜索程序一查才知道，小鸟叫千鸟，那条鳄鱼叫尼罗鳄，它们是非常要好的朋友。

　　尼罗鳄，稀有的大型爬行动物，别名非洲鳄，平均体长4米，最长可超过7米，体重1吨以上。成年体色为橄榄绿色或咖啡色，间有黑色的斑点。幼体为深黄褐色，身体和尾部有明显的横纹。除马达加斯加岛外，尼罗鳄主要分布于非洲尼罗河流域及其东南部水域。

　　尼罗鳄主要在湖泊、河流、淡水沼泽和湿地、咸淡水等处栖息，常生活在河岸边自己挖的洞穴里。尼罗鳄的体形巨大，对环境有很强的适应能力，尾巴强壮有力，有助于游泳。成鳄的吼声巨大，可传很远。它们性情凶暴，以凶猛著称，常袭击往来水边的兽类。尼罗鳄可以捕食包括人在内的大型哺乳动物，也捕食鱼、鸟和小型鳄鱼等。尼罗鳄繁殖期在11月到次年4月，它们挖洞产卵，成鳄会对卵和幼鳄精心照看。

　　尼罗鳄有和千鸟共生的习性。这种小鸟经常栖息在尼罗河沙洲上，和尼罗鳄是好朋友，经常在鳄鱼身上找小虫吃，有时还能进入鳄鱼嘴里啄吃寄生于尼罗鳄口内的水蛭。有时鳄鱼的口偶然闭合，小千鸟被关在鳄鱼口内，可是鳄鱼并不会把小鸟吞下，只要小鸟轻击它的上下颚，鳄鱼就会马上张开嘴，让小鸟飞出来。千鸟是一种感觉敏锐的鸟类，只要听到一点动静，就会喧哗惊起。所以，每当鳄鱼小睡时，只要有异样的响声，千鸟立即喧噪，从而惊醒正在睡梦中的鳄鱼。于是，鳄鱼就可以立即沉入水底，避免意外的袭击。

步法奇特
——澳洲淡水鳄

　　叮叮和当当乘超能飞行器在空中飞行的同时不停俯视下面的情况。这一日，他们来到大洋洲澳大利亚北部。

　　"豆芽哥，停一下。"当当忽然道。

　　"怎么啦？"叮叮问。

　　"下面有条鳄鱼跑起路来怎么有点怪怪的？"

　　叮叮低头看了看，是有一条鳄鱼，可离得太远，也看不出有什么不对的地方。于是两人便停下了飞行器悄悄摸了上去，只见那条鳄鱼一动不动地趴在地上，单从外形上看，和其他见过的鳄鱼也没什么两样。

　　"小尾巴，你说它跑的样子有点怪是吗？"叮叮扭头问当当。

　　"嗯！"当当点了点头。

　　"这样吧，我们化成两条超大型的鳄鱼吓吓它。"话刚说完，就听叮叮和当当高喊：

　　"魔——力——千——机——变——"随即，地上出现两条特大号的鳄鱼，身长足有10米，比起前面2米左右的鳄鱼来可算是巨无霸了，吓得那条鳄鱼扭头便跑。

　　"哦，我知道了，它叫澳洲淡水鳄。"叮叮叫道。

　　"为什么？"当当问。

　　"因为鳄鱼世界里只有它是跳着跑的。"

　　澳洲淡水鳄又叫强森鳄，主要分布在澳大利亚北部，昆士兰地区的淡水河流、湖泊及泻湖中，以鱼、昆虫、无脊椎动物和小型脊椎动物为食。吻部狭窄，平均体长为2.1米，少数大者可达到3米以上。雄性16岁性成熟，雌性稍早，大约是12岁，平均可以活50年以上。澳洲淡水鳄大约在7月发生交配，在8月或9月产卵。繁殖期，雌性淡水鳄会在沙质河岸上，利用相同的地点挖洞反复产卵。巢的位置必须高于洪水水面，孵化还必须在雨季来临之前完成。在孵化期，温度扮演着重要的角色，31℃~33℃，孵化出来的小鳄大多为雄性；高于或低于这个温度，大部分会为雌性。只有约30%的卵能成功孵化，但是只有约1%的小鳄能长至成熟。在此期间，好的母亲的本能，决定了小鳄鱼的命运，这是它们生存所必需的条件，否则，能长大的小鳄会更少。

　　当澳大利亚的强森鳄受到敌人的袭击时，会采用一种更为奇怪的步法——跑起来时它的前腿也一起工作，和后腿的运动正相反，前腿蹬地时，后腿向前迈出；后腿着地时，前腿奋力向前，如"飞奔的马"，其实也只有澳洲淡水鳄才用这种奔跑的方式。它的奔跑不但样子奇特，而且速度很快，可以达到每小时25千米，很容易躲避危险，可以说它是跑得最快的鳄鱼。

鳄类侏儒

——非洲侏儒鳄

　　非洲的天气很热，叮叮和当当找了一棵大树乘凉时，发现了一个树洞，洞口还有动物出没的痕迹。

　　"咱们把这棵树弄倒看看里面是什么东西吧？"叮叮说着就要拿出万能电子魔盒，却被当当拦住了。

　　"就没有其他办法了吗？这棵树长这么大，多不容易啊！"当当说。

　　"也是，为了看一眼树洞里是什么东西，弄倒一棵大树，确实有点……有了。"

　　"魔——力——千——机——变——"

　　叮叮手中立刻多了一个身上装了电子眼的小甲虫。他把甲虫放进洞之后，不久，电子魔盒显示了树洞里的全部信息：原来是一条侏儒鳄。

　　非洲侏儒鳄又名侏儒鳄或西非矮鳄，是目前世界上体型最小的鳄鱼品种，平均身长约有1.5米，最大的尺寸不超过1.9米。脖子、背部、尾巴有明显厚重的鳞甲，而背脊的鳞甲特别厚重，似古代武士的盔甲，这使它还有个贴切的别称"粗背侏儒鳄"。与其他鳄鱼不同的是，它们不仅在背部长有鳞片，而且在腹部也长有鳞片。幼年时身体

颜色为浅咖啡色，夹有黑色斑点和短条纹，成年之后转为黑咖啡色。

　　非洲侏儒鳄主要分布在非洲西部及中部，栖身于热带雨林、湿地、池塘、沼泽及湿地和雨林中水流慢的淡水区，有一些个体偶尔也会单独出现在大草原的池塘里。它们大白天躲藏在自己挖的洞穴中或树根下，有时会爬上树去晒太阳，在夜间活动并且在水中或陆地上寻找食物，尤其是到草木丛生的水域捕捉蟹、青蛙及鱼类食用。当受到威胁时，侏儒鳄会立即潜入水中，并匿藏于河底的洞穴。它们大部分时间自己单独生活，只有交配期才会与异性在一起。它们还会用腐烂了的植物以及泥巴建筑巢穴。这些洞穴有时会淹没在水里，入口处在水下。雌鳄每次生10~17只蛋，但孵化成功率很低。

　　非洲侏儒鳄，虽然在有些地方数量还比较多，但从整体上来看种群已经比过去有很大下降，被列为中等受危或濒危物种。虽然在人工养殖下可以繁殖，但是尚没有建立养殖场。

驱鱼上岸

——眼镜凯门鳄

叮叮和当当乘坐超能飞行器来到南美洲。当他们走到一片水域旁时，当当听到一阵细微的叫声。经过仔细寻找，在一个由枯叶、杂草堆积的小土丘内，他俩发现了一堆鳄鱼蛋，还有几只刚出壳的小鳄鱼。看着如手掌大的可爱的小鳄鱼，当当便要伸手去摸。这时叮叮突然发现不远处一条两米多长的眼镜凯门鳄，正虎视眈眈地看着他们。叮叮迅速把她拉到了一棵大树后面。过了一会儿，大眼镜凯门鳄爬过来把小鳄鱼叼在嘴里，然后轻轻地放入水中，叮叮趁机用万能电子魔盒化为DV相机，拍下了这感人的一幕。一条又一条，大眼镜凯门鳄妈妈是那么小心，看得叮叮和当当都掉下了眼泪，并暗暗发誓长大了一定好好孝敬自己的妈妈。

眼镜鳄，原产于中美洲及南美洲一带，又名南美短吻鳄，因眼球前端有一条像眼镜架一样的横骨而得名。眼镜鳄最大体长可达2.5米，全身橄榄绿色，肚皮的颜色则是米色或者浅黄色，头部、身体、尾部上有许多深色斑纹。初孵出来的幼鳄下颌两侧有淡黄色斑纹，长到35厘米左右时，这些斑纹会全部消失。

眼镜鳄一般以广泛的水域为栖息地，其一生中的不同时期，均有不同的敌人。捕

食鳄卵的动物有黑点双领蜥、发冠长脚鹰、食蟹狐、浣熊、长鼻浣熊和戴帽猴等；而以雏鳄和幼鳄为食的则有鲶鱼等食肉性鱼类、龟、鳄鱼、夜鹭、鹳、鹰以及虎猫等。美洲豹及森蚺就会捕食成年鳄鱼。

眼镜鳄的食物也随年龄、季节及栖息地的不同而变化。幼鳄主要以无脊椎动物为食，特别是鞘翅目昆虫，只会进食螺、虾及蟹等水生动物。成年鳄则主要以脊椎动物为食，包括水生及陆生的脊椎动物。它们的捕食策略很多，通常是静伏不动，偷袭路过的陆生脊椎动物，在水中偷袭游近的鱼类与其他水生脊椎动物。此外，它们还会用身体和尾巴把鱼类驱赶到浅水处或者狭窄的岸边后再捕食。

眼镜凯门鳄在繁殖期向异性求爱时会跃出水面、炫耀尾巴，以及轻咬和摩擦异性头部与颈部等。它们在不同的地点造巢，一般多在潮湿季节，但不同地区的眼镜凯门鳄造巢高峰期也有不同。它们的巢是由叶子、小树枝、杂草以及泥堆成的小丘状。雌鳄每次产卵可达40枚，而整个孵化期雌鳄会有规律地关心和保护巢址。幼鳄出壳时发出叫声，雌鳄将巢挖开用嘴帮助小鳄破壳而出，并用嘴携带幼鳄进入水中，雄鳄也会在一旁协助。

食性贪婪

——巴拉圭凯门鳄

　　叮叮和当当继续往前走，突然看见了一条正在晒太阳的鳄鱼，乍一看和先前见到的眼镜凯门鳄很像，只是大了点，足有3米长。

　　"肚皮，它的肚皮。"当当突然叫了起来。这没头没脑的一叫，把叮叮弄得是一头雾水。

　　"什么肚皮？肚皮怎么啦？"

　　"肚皮的颜色和眼镜凯门鳄不一样。"当当说。

　　叮叮仔细一看，确实不一样，这条鳄鱼腹部是白色的。于是他拿出万能电子魔盒。

　　"百——变——搜——索——"

　　叮叮一声高呼，魔盒的屏幕上立刻显示，这条鳄鱼叫巴拉圭凯门鳄，和眼镜凯门鳄同属美洲短吻鳄科。叮叮恍然大悟，难怪它们有那么多相似之处。

　　巴拉圭凯门鳄，是吻鳄科的一种，属于短中型鳄鱼。眼睛上方有非常明显的骨状突起。一般身长为2—3米，重约60千克。寿命可以达约60岁，据说有些甚至达100岁。巴拉圭凯门鳄背呈深橄榄色，腹部颜色较浅，呈黄绿至白色。雄鳄有地盘和等级

分别。主要分布于中美洲及南美洲地区，生活在淡水中，尤其喜欢生活在水流缓慢、河底淤泥、植物生长多的热带和亚热带河流中，但有的种类也生活在湖泊、池塘和沼泽里。它们一生很少离开水，白天浮在水面上，晚上活动。只有干旱的状况下它们才会不情愿地离开水，将自己埋在泥浆里。巴拉圭凯门鳄以进食鱼类为生，也吃其他爬行、两栖动物和水鸟，冬季时有长达两个月的时间不吃东西，但是一旦胃口大开则会非常贪婪。

繁殖期雌鳄一次能产14～40个卵，然后将这些卵埋在一个由腐败的植物和泥组成的丘状穴中，这些丘状穴不是在岸边就是在浮着的植物上。有时多个雌鳄分享同一个丘状穴，并且一起抵御外敌。孵化期平均为85～90天。在幼鳄孵化出来不久雌鳄就会扒开穴，帮助幼鳄破

卵。幼鳄呈黄色至棕色，有深色的横条，以昆虫、软体动物和甲壳动物为食，尤其喜欢吃小鱼。孵出后幼鳄依然要被母亲保护在身边很长一段时间，不然它们将成为蛇和蜥蜴的牺牲品。

身藏麝香
——密西西比鳄

叮叮和当当来到密西西比河，看到一条3米多长的鳄鱼在河边游泳。鳄鱼偶尔一张嘴露出长而锋利的牙齿，像锯齿一样，吓得叮叮、当当不由得倒退了几步。叮叮回头拉住当当说："这就是书上说的密西西比鳄，走，我们入水看看。"说着叮叮叫道"万化神通"，两人马上穿上了一件超能防水隐身服，一跃进入了水中。眼前的景象让他俩惊呆了，原来水里还不止这一条，还有几条比刚才看见的那条还要大，奇怪的是它们身上还有一股浓重的麝香味。

密西西比鳄俗名密河鳄、美洲鼍。体形较大，体长可达3～4米，体重70～100千克。它们外形扁而长，体表呈黑色，有一些浅黄色的斑纹；头部较宽，吻部钝圆，整个面部就像一把铁锹；吻端有可以自由启闭的外鼻孔一对；耳孔呈裂缝状，也有可以闭合的瓣膜；眼睛很大而且特别突出；口内牙齿像锯齿一样，十分锋利，虽然牙齿不能咀嚼，但却是致猎物于死地的有力武器。密西西比鳄四肢较短，但又粗又壮，尾巴侧扁而且很长。全身皮肤革制化，像穿戴了一层盔甲，只有人类用杀伤力很强的枪弹才能穿透。

密西西比鳄分布于美国弗吉尼亚至北卡罗莱那以南地区，常栖息于多草多树木的沼泽、河流、湖泊等地带。虽然它们看上去有些笨拙，但行动起来却非常灵活。尤其是在水中活动时，它们将四肢贴在身边，用尾部划水，体态极其优美，犹如完美的水中芭蕾舞者。密西西比鳄比较喜欢在水中活动和捕食，匍匐在水中时具有非常绝妙的伪装手段，看上去就像水面上一段漂浮不定的木头。事实上，它们始终瞪大双眼，耐心盯着岸边，随时准备出击陆地上到河边饮水的牛、鹿等动物。和其他鳄鱼一样，密西西比鳄捕到食物后无法咀嚼，只能整个地吞下去，或者将猎物撕扯成小肉块再吞掉。如果捕捉到一些大型的猎物，则会把猎物的尸体藏在水下，等待它们腐烂变软之后再进食。进

食的时候，密西西比鳄先要将头抬离水面，这样做是为了防止水流随食物进入胃里。

密西西比鳄也是"冷血动物"，有冬眠的习性，为了保持一定的体温，它们必须经常晒晒太阳。夏季是它们的繁殖季节，这时密西西比鳄变得非常活跃和喧闹，常常

大声地吼叫，还能分泌出一种如同麝香般的气味。如果附近没有合适的异性，雄性将漫游数公里、穿过沼泽地去寻找配偶。它们常以枯草、芦苇等植物作为筑巢原料，在岸边比较隐蔽的树丛中筑巢。一般每窝产卵15～80枚，卵的外形与鸭蛋相似，靠自然温度孵化，孵化期为2～3个月。有趣的是，幼仔的性别是由孵化时的温度来决定的。由于巢的中心比边缘温度高，所以处于巢中心的卵孵出的多为雄性幼仔，而处于巢的边缘的卵孵出的则是雌性幼仔较多。当幼仔奋力用尖硬的卵齿冲破坚韧的卵壳钻出来时，雌性成体便会帮助它

们取下包在卵上面的膜，然后用嘴把它们带入水中，让它们取食小鱼等食物。这时它的体长只有20厘米。对这些幼仔来说，这是它们一生中最危险的时期。雌性成体也将会在6个月或更长的时间里，严密地看护着自己的孩子，直到孩子们能够独立寻找食物。幼仔长到四五岁后，就没有什么动物可以伤害它们了。它们可以无忧无虑地离开浅滩，和成鳄一起玩耍、晒太阳了。

现存最大——湾鳄

来到澳大利亚北部，叮叮和当当算是开了眼，他们见到了世界上最大的鳄鱼——湾鳄，足有8米长。鳄鱼静静地浮在水面上，只露两只眼睛。这时一群野牛要饮水，湾鳄便忽地一下将庞大的身体窜出水面，血盆大口一下子咬住了一头野牛的肚子。就这样一头重达千斤的野牛，被硬生生地拉下了水。湾鳄再一个水中翻滚，野牛便失去了反抗能力。所有的一切就是那么一眨眼的工夫，看得叮叮和当当浑身汗毛都竖了起来。

湾鳄也叫澳大利亚咸水鳄、河口鳄。分布于东南亚沿海直到澳大利亚北部。成体全长3～7米，最长达10米，体重超过1.6吨，是现存最大的鳄类。背面为深橄榄色或棕色，腹面为苍白色，一般幼鳄体色略淡，间深色斑点，或体色较深带浅斑；湾鳄吻较窄长，吻背雕蚀纹明显，眼前各有一道骨嵴一直延伸到吻端，但互不连接。外鼻孔只有一个，开于吻端；眼睛外突又大又圆。虹膜是绿色的，有上下眼睑与泪腺。眼后耳孔细狭如缝。口内有锥形牙齿，异常锋利。颈部与头、躯无明显区别，躯干长筒形，尾巴粗扁有力，其长超过头、体的总和，可作有力袭击武器。四肢粗壮有趾，后肢较长，外趾具全蹼，内侧两趾为半蹼，内侧3趾有爪；背部鳞片起棱成锯齿形。

湾鳄生活在海湾里，凶猛不驯。成鳄经常在水下，只将眼睛和鼻孔露出水面，

耳目灵敏，受惊时会立即下沉，午后多浮水晒日，夜间目光如炬。它们以大型鱼，泥蟹，海龟，巨蜥，禽鸟为食，也捕食野鹿，野牛，野猪，上下颚咬合力极强，可粉碎海龟的硬甲和野牛的骨头。湾鳄在繁殖期间会远渡大海，在淡水江河边的林荫丘陵地带营巢。它们一般在5～6月交配，7～8月产卵。每次产卵50枚左右。产卵前，成鳄会先用尾巴在距河边约4米处扫出一个7～8平方米的平台，然后再用树叶等物在台上建有直径3米的安放鳄卵的巢；产卵后，母鳄守候在巢旁，还不时用尾巴沾水洒在巢上，当听到幼鳄出壳发出叫声时，会立即用嘴将巢挖开帮助胚鳄破壳而出，并协助幼鳄进入水中。

笨手笨脚——沼泽鳄

　　叮叮和当当来到一片沼泽地，只见一条长达3米的沼泽鳄笨手笨脚地爬上了岸。它爬得很慢，可能是准备享受一下那温暖的阳光。也许它以前经常到这里来享受日光浴，可是它今天没那么幸运。因为它正一步步走进旁边草丛里一只老虎的攻击范围，正一步步地走向死亡。这头可怜的沼泽鳄也试图逃回水中，可是晚了，老虎已经发动了进攻。因为它那短胳膊短腿根本无法与老虎的速度相比，虽然它也试图反抗，但一切都是徒劳。叮叮和当当本想救它，可他们没有出手，因为他们知道这就是大自然的规律。他们能做的也只是拿出万能电子魔盒口念"魔力千机变"，用DV摄像机，拍下了那惊心动魄的一幕。

　　沼泽鳄，又称泽鳄，是一种中型鳄鱼，成体最长可达4米。除了沼泽之外，沼泽鳄也会栖息于河流、水库、池塘等湿润地带，并喜爱在低于5米深的浅水区域活动。沼泽鳄的食物很广泛，从昆虫、鱼类、青蛙、蛇、水鸟至哺乳动物不等，有时钻进人类的渔网里捉鱼，吃饱后破网而去。袭击人类纪录不多，但2006年伊朗曾有小孩被沼泽鳄咬

死。由于沼泽鳄平均身形较小，因此容易成为湾鳄及老虎等猛兽的食物。

在繁殖方面，为了吸引雌性，雄性沼泽鳄会于水面上把口关闭，发出洪亮的声音。沼泽鳄是鳄目中唯一每年产卵两窝的种类，每窝平均产卵30枚，孵化期约2个月。鳄鱼有着血盆大口、锋利的牙齿、坚硬的皮肤和有力的尾巴，显得非常凶猛恐怖，但是，它们在照顾小鳄鱼时却显得格外温顺。雌鳄鱼产卵后，不吃不喝，日夜守候在卵的附近，像警卫一样保卫着卵的安全。几十天之后，小鳄鱼孵出的时候，鳄鱼妈妈会把小鳄鱼衔在口中，轻轻地放入水中，鳄鱼爸爸也很温顺，它们还会把即将破壳的卵衔在口中，上下轻轻一压，帮助小鳄鱼去掉外面的卵壳。刚刚出生的小鳄鱼也像婴儿一样总是啼哭不停，但它们只要一接触"父母"的嘴巴，立即就停止了原先那种急促的尖叫。这时小鳄鱼的抵抗能力很低，更没什么自卫能力，一不小心就会成为捕食者的口中餐，所以在很长一段时间里，雌雄鳄鱼经常陪伴在它们的周围，教它们学习基本的生存技巧，直到它们能够独立生活。

家住东南亚——泰国鳄

叮叮、当当离开了沼泽地，路上看见了一群人在捕杀泰国鳄。这次他们出手了，还狠狠地教训了那群捕猎者。因为脱离了动物界的人类无权剥夺它们的生命，即使人类是万物之灵长。这些道理，叮叮和当当在老师那儿、爸爸妈妈那儿、奥特玛爷爷那儿不知听了多少遍，在他们心里，救助野生动物、阻止猎杀早已成了一种应尽的义务。

泰国鳄属中型鳄类，成体最长可达4米，常见成体长2.5米左右，孵出雏鳄长约25厘米。它们上体呈暗橄榄绿色或浅棕绿色，带有黑色斑点，尾巴和背部上方有暗横带斑，腹部呈白色或淡黄色；吻中等长，额上介于两眼眶之间有一明显的眶间纵向鳞骨，鳞骨突出成一高嵴；口巨大，闭合时第四下颌齿外露；前肢指基部有蹼；尾背有双列鬣鳞，腹鳞较大，排成一横排，而且腹鳞具有感官作用；尾下鳞呈环状排列，泄殖孔周围有许多向后延伸的小鳞环绕，看上去泄殖孔后缘像有一条细线向尾后延伸，这也是泰国鳄的重要鉴别特征。

泰国鳄分布于泰国中部、柬埔寨、马来西亚、印度尼西亚婆罗洲的东部，喜欢栖息于海潮波及不到的溪水沼泽地、溪流和河流流水缓慢的地段。它们主要以鱼、龟、蛇和小型哺乳动物为食，幼体则以水生无脊椎动物、昆虫等为食。每年12月至次年3月是泰国鳄的交配活动期，雄鳄间会发生争偶现象，双雄都将身体前半部垂直露出水面，然后用头侧面彼此相击，并发出巨大的碰击声，致使水面泛起巨大的波浪。相击一次彼此都跌入水中，少时，又露出水面再次相击，一般相击两到三次便能分出胜负，有时还会引起死亡，力量之大可想而知。4月是造巢高峰期，雌鳄会先用口和后肢在地面上挖掘一洞穴，然后将卵产在洞穴中。在产卵时决不会让其他鳄进入，产完卵后雌鳄把大量草堆在卵上。经过长达60～70天的孵化期，雏鳄孵出来，雌鳄会帮助雏鳄挖开巢穴，并和雏鳄共同生活很长一段时间，直到小鳄能够独立。

"活化石"——扬子鳄

　　叮叮和当当回到旅馆，只见奥特玛爷爷脸上已经一扫前几日的倦态，正在那捣弄什么东西。叮叮上前去问，他却笑而不答，反问道："这几天收获怎么样啊？"当当马上拿出这几天观察的鳄鱼标本资料给奥特玛博士看。奥特玛博士一边看一边不住地点头，口里还不停地说："不错，不错。"听得叮叮、当当心里美滋滋的，还不停地相互挤眼睛、做鬼脸。

　　奥特玛博士话锋一转道："扬子鳄呢？"

　　"对啊，扬子鳄可是我国特有的物种呢。"叮叮一拍脑门道。

　　"更重要的是它还有着'活化石'之称呢，"当当也在一旁插嘴说，"爷爷放心，我们马上补上。"

扬子鳄因为长得有点儿像传说中的"龙"，所以俗称"土龙"或"猪婆龙"，是中国特有的一种鳄鱼，也是目前世界上体型最细小的鳄鱼品种之一，主要分布在长江中下游流域。在扬子鳄身上，至今还可以找到早期恐龙类爬行动物的许多特征，对于人们研究古代爬行动物的兴衰和研究古地质学和生物的进化，都有重要意义。所以，人们称扬子鳄为"活化石"。

扬子鳄体长一般只有1.5米，体重约为36千克。它们的头部相对较大，吻短钝，属短吻鳄的一种。吻的前端生有一对鼻孔。鼻孔有瓣膜，可开可闭。眼为全黑色，有眼睑和膜，所以扬子鳄的眼睛可张开也可合闭。全身覆盖着革制甲片，背部呈暗褐色或墨黄色，腹部是灰色的，有灰黑或灰黄相间手术纹。尾部是自卫和攻击敌人的武器，

长而且侧扁，在水中还起到推动身体前进的作用。四肢较短而有力，前肢后肢有明显的区别：前肢有五指，指间无蹼；后肢有四趾，趾间有蹼。这是它既可在水中也可在陆地生活的重要法宝。

扬子鳄每年的6月上旬在水中交配。到了7月初左右，雌鳄开始用杂草、枯枝和泥土在合适的地方建筑圆形的巢穴，以供产卵使用。每年7～8月份产卵，每窝可产卵10～30枚，卵为灰白色，比鸡蛋略大。雌鳄产卵后在卵上覆上杂草。此时正值夏季最炎热的季节，巢材和上覆的厚草在阳光照射下腐烂发酵，并散发出热量，鳄卵正是利用这种热量和阳光的热能来进行孵化的。在孵化期内，母鳄经常来到巢旁守卫，听到仔鳄的叫声后，会马上扒开盖在仔鳄身体上面的覆草等，帮助仔鳄爬出巢穴，并把它们引到水中。仔鳄与成鳄体色有明显的不同，体表有橘红色的横纹，色泽非常鲜艳。扬子鳄生活在淡水里，喜欢栖息在湖泊、沼泽的滩地或丘陵山涧长满乱草蓬蒿的潮湿地带，具有冬眠的习性，每年10月就钻进洞穴中冬眠，到第二年四五月才出来活动。它

有高超的挖洞打穴的本领，头、尾和锐利的趾爪都是挖洞打穴工具。扬子鳄的洞穴常有几个洞口，有的在岸边滩地芦苇、竹林丛生之处，有的在池沼底部，地面上有出入口和通气口，而且还有适应各种水位高度的侧洞口。洞穴内纵横交错，恰似一座地下迷宫。也许正是这种地下迷宫帮助它们度过了严寒的冰期和寒冷的冬天，同时也帮助它们逃避了敌害而幸存下来。

扬子鳄白天喜欢隐居在洞穴中，夜间外出觅食。不过有时也在白天出来，在洞穴附近的岸边、沙滩上晒晒太阳。晒太阳时常紧闭双眼，爬伏不动，处于半睡眠状态，给人们以行动迟钝的假象。可是，一旦遇到敌害或发现食物时，它们就会立即将

粗大的尾巴用力左右甩动，迅速沉入水底逃避敌害或追逐食物。当扬子鳄在陆地上猎捕时，能纵跳抓捕。抓捕不到时，它那巨大的尾巴还可以猛烈横扫。遗憾的是，扬子鳄虽长有看似尖锐锋利的牙齿，却不能撕咬和咀嚼食物，只能像钳子一样把食物"夹住"，然后囫囵吞咽下去。所以当扬子鳄捕到较大的陆生动物时，不能把它们咬死，而是把它们拖入水中淹死。相反，当扬子鳄捕到较大水生动物时，又把它们抛上陆地，使猎物因缺氧而死。在遇到大块食物不能吞咽的时候，扬子鳄往往用大嘴"夹"着食物，在石头或树干上猛烈摔打，如果这样还不行，它干脆把猎物丢在一旁，等烂到可以吞食了，再吞下去。这一切都要归功于扬子鳄有个特殊的胃，这个胃不仅胃酸多而且酸度高，因此它的消化功能特别好。

第三章

龟鳖家族

动物界的长寿星
——龟

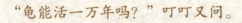

　　天气晴朗，风和日丽，叮叮把自己的玩具全拿了出来和当当一起玩，突然叮叮想起来什么似的，站起来就往屋里跑。

　　"爷爷，千年王八、万年龟是什么意思啊？"到了屋里，叮叮对正在喝茶的奥特玛博士说。

　　"也就是说王八能活千年，龟能活一万年。"奥特玛博士放下茶杯道。

　　"龟能活一万年吗？"叮叮又问。

　　"这不是说龟真的能活一万年，只是说乌龟能活很长时间。"奥特玛博士笑着回答。

　　"那乌龟到底能活多少年呢？"叮叮有点打破砂锅问到底的意思。

　　"这个目前尚无定论，据说有活300年以上的。至于有没有活得更长的，就需要你们这一代好好学习，日后去寻找答案了。"

　　龟，俗称乌龟，是现存最古老的爬行动物。坚硬的外壳是龟类独有的武器，受袭击时它们可以迅速把头、尾及四肢缩回壳内保护自己。但大部分龟类的头、尾和四肢都不能完全缩进壳内（闭壳龟除外）。龟壳分为上、下两半，上半部即背甲，下半部即胸甲，背甲与胸甲两侧相连。头、尾和四肢都有鳞。乌龟四肢粗壮，适于爬行，但行动缓慢。龟没有牙齿，性情温和，无攻击性，相互间也少咬斗现象。大多数龟均为肉食性，以蠕虫、螺类、虾及小鱼等为食，也食植物的茎叶。龟的种类很多，有陆上生活的，也有水陆两栖生活的，还有长时间在海中生活的海龟，但主要栖息于江河、湖泊、水库、池塘及其他水域。龟白天多陷居水中，夏日炎热时，便成群地寻找阴凉处。龟是一种变温动物，到了冬天，乌龟会长期缩在壳中，静卧水底淤泥或有覆盖物的松土中冬眠。冬眠期一般不活动，同时它的呼吸次数减少，体温降低，血液循环和新陈代谢的速度减慢，所消耗的营养物质也大大减少。这种状态和睡眠相似，只不过

只是说乌龟能活很长时间。

龟能活一万年吗？

61

科普乐园

　　这是一次长达数月的深度睡眠，甚至会呈现出一种轻微的麻痹状态。次年4月当水温上升到15℃时，才出穴活动。

　　龟一般要到8岁以上才能达到性成熟，4月下旬开始交配，时间一般是下午至黄昏，在陆地上或水中进行交配。5～9月在陆地上产卵，产卵前多在黄昏或黎明前爬至远离岸边较隐蔽和土壤较疏松的地方，将卵产于用后肢交替作业挖成的土穴中，产完卵再用土把卵覆盖好，并用腹甲将土压平后才离去。乌龟没有守穴护卵的习性，由于卵子的成熟不是同步的，所以雌龟每年要产3～4次卵，每次产卵5～7枚。

　　龟是长寿的象征，至于寿命究竟有多长，目前尚无定论，一般讲能活100年，据有关考证也有300年以上的，有的甚至过千年。

"三喜三怕"的鳖

"爷爷，王八是什么东西啊？"当当不知什么时候也进了屋。

"王八就是鳖，小尾巴，这都不知道，真没学问。"叮叮扭头回答道。

"也就是甲鱼了？"当当也没理他继续问道。

"嗯。"奥特玛博士点点头。

"那天妈妈还买了一个甲鱼给我炖着吃呢？那我不就成了杀害野生动物的凶手了吗！"当当显然有点急了。

"那些大多是人工饲养的，小尾巴啊小尾巴，你可真是out了！"叮叮阴阳怪气地说。

"就你知道得多，我问爷爷谁让你说了！"说着当当举着拳头就要去打叮叮。

鳖，俗称甲鱼、水鱼、团鱼或王八等，是一种深受广大消费者欢迎的水产品，不仅肉味鲜美、营养丰富，而且全身均可入药。鳖体躯扁平，呈椭圆形，背腹具甲。体色基本一致，背际和四肢是暗绿色，有淡色斑点。周边为肥厚的结缔组织，俗称"裙边"，腹面红白色，平坦光滑。它的背甲和腹甲上都生有柔软的外膜，无角质盾片。头颈粗大，前端略呈三角形。吻端延长呈长管状肉质吻突，口中无齿。眼睛位于鼻孔的后方两侧，如绿豆般大小，但视觉却很敏锐。脖颈细长，呈圆筒状，伸缩自如。四肢短粗扁平，后肢比前肢发达。前后肢各生五爪，趾间有蹼，爬行敏捷，四肢均可缩入甲壳内。

鳖属爬行冷血水陆两栖生活的动物，用肺呼吸，生活于江河、湖沼、池塘、水库等水流平缓、鱼虾繁生的淡水水域，主要以小鱼、小虾、螺、蚌、水生昆虫等动

物为食。鳖有"三喜三怕",即喜静、喜阳、喜洁静;怕惊,怕脏,怕大风。所以在安静、清洁、阳光充足的水岸边活动较为频繁,有时上岸但不会离水源太远,能在陆地上爬行、攀登,也能在水中自由游泳。民间谚语形容它们的活动是"春天水发走上滩,夏栖柳荫躲炎炎,秋季天凉入水底,冬天严寒钻泥潭"。鳖对周围温度的变化非常敏感,喜晒太阳或乘凉风。当外界温度降至15℃以下时,鳖便开始停食,潜伏在水底泥沙中冬眠,冬眠期长达半年之久。因此,在自然条件下生长缓慢,一般一年只长100克左右。生长3～4岁时才可达到性成熟。水温达到20℃以上时,开始发情交配。一次交配,多次产卵。北方一年产卵2～3次,南方4～5次。产卵时间一般在夜间,这与鳖喜欢安静的环境有关。鳖的产卵方式为掘洞产卵,产后用沙土埋上。幼鳖体嫩,活动力不强,加之不久将进入越冬期,很容易在越冬期死亡。

区分龟与鳖

叮叮和当当平时都跟妈妈一起去过市场，可是就是分不清哪种是鳖哪种是龟。所以已经走出房门的他们又不约而同地回去了。奥特玛博士刚要去试验室，两个小鬼去而复返又把他给缠住了。

"有什么问题说吧！"奥特玛博士一看难以脱身，索性坐了下来。

"爷爷，我总分不清哪个是龟哪个是鳖。"当当抢着说。

"龟和鳖是有很大差异的，"奥特玛博士喝了口茶道，"只要我们认真观察对比，分辨它们其实不是什么难事。你们是不是根本就没认真观察过啊？"

当当不好意思地点了点头。叮叮则一边挠头一边吐着舌头做鬼脸。

奥特玛博士看着他们的样子摇了摇头，又好气又好笑地说："来，我帮你们一起分辨。"于是，叮叮拿出万能电子魔盒叫了声"魔力千机变"，变出鳖和龟，三人围坐在桌前认真观察起来。

在脊椎动物中，龟和鳖是一类特殊的动物。它们体表都具有特殊的壳，头、尾和四肢都可以在壳中伸出缩入，全体可分为头颈部、躯干部、四肢及尾三部分。头部背面略呈三角形，黑色或棕黑色，口位于头的前端，头顶前部平滑；吻尖而突出，吻前端有一对鼻孔，便于伸出水面呼吸。上下颌均无齿，颌缘被以坚韧的角质鞘，称为喙，可以咬碎坚硬的食物。口内有短舌，肌肉质，但不能自如伸展，仅能起到帮助吞咽食物作用。鼻孔位于吻的前端，眼小，位于头的两侧。嗅觉及触觉较发达。壳明显地分为背甲和腹甲两部分，彼此在两侧由甲桥连接起来。四肢扁平粗短，位于身体两侧，前肢五指，后肢五趾。在抓到食物时，其有力的前肢和利爪还能将大块食物撕碎，便于咬碎吞咽。

　　龟和鳖虽然都是爬行动物，虽然有一定相似性，但是龟与鳖是两个迥然不同的种群，在外部形态，身体结构及生活习性等方面都存在很大的差异。可从以下几方面进行区分：1.外形：龟全身呈盒状；鳖体形扁平，略呈圆形或椭圆形。2.甲壳：龟类动物的甲壳坚硬，外层为角质盾片。鳖类动物的甲壳为柔软的革质皮层(软组织)。3.纹路和鳞：龟类动物的背上有纹路，头、尾和四肢都有鳞；鳖甲上没有纹路，头、尾、四肢上也没有鳞片。4.生活习性：鳖生活在淡水中，龟可以生活在淡水里也可以生活在咸水里。此外，鳖不能长期呆在水下，而要不断把头伸出水面换气，龟却不是。

鉴别龟鳖雌雄

刚区分完鳖和龟，当当的问题又来了："爷爷，那怎么鉴别它们的雌雄呢？"

奥特玛博士伸手捶了捶背，又抬头看了看天说："时间不早了，我们得去吃饭了，这个问题下次再说吧。"说着就要站起来。

当当一看马上跑到奥特玛博士身后说："爷爷，说说吧，您累了，我给您捶背。"

"爷爷，我给您倒水。"说着叮叮赶紧跑去倒水。

看着俩孩子调皮的举动，再看看他们那渴望的眼神，奥特玛博士欣慰地笑了。

龟鳖类动物体型小的幼体因性未成熟，性别难以鉴定。对于大多数种类的成体，可以通过以下性别特征来鉴别其性别：

1.体形：雄性体型较薄而小；雌性体型圆厚且大。同年龄的龟，雌性个体体形总是大于雄性个体。

2.泄殖孔位置及形状：雄性泄殖孔长形，距腹甲后缘较远，接近尾端；雌性的泄殖孔圆形，接近腹甲，距腹甲后缘较近。

哪只是雌性？
哪只是雄性？

3.背甲：雄性背甲较长且窄；前端较宽呈椭圆形、中间隆起；雌性甲背椭圆形较短且宽、平坦。

4.腹甲：雄性腹甲曲玉形，有明显的凹陷，缺刻角度较小；雌性腹甲十字形，中央无凹陷，缺刻角度较大。

5.尾巴：雄性龟尾粗且长，尾基部粗，尾长尖，能自然伸出裙边外；雌性龟尾细且短，尾基部细，尾短不能自然伸出裙边外。

6.后肢间距：雄性后肢间距较窄；雌性后肢间距较宽。

7.手鉴法：将龟或鳖的腹甲朝上，左手的大拇指、食指、中指分别将其前肢、头压迫缩入壳内，右手将尾摆直，若它的泄殖腔孔内有黑色的阴茎伸出，则为雄性；若龟的泄殖腔孔排出泡泡或稀黏液，则为雌性。

判断龟鳖的年龄

这一天，对于叮叮和当当是一个特别的日子，因为他们又从奥特玛博士那里学到很多平时不知道的知识，不仅知道了如何区分龟鳖，如何辨别雌雄，就连如何分辨年龄他们也知道了。在他们心里，奥特玛博士的身影变得更加高大起来。他俩暗暗发誓以后要好好学习，长大了也成为像爷爷那样有学问的人。他们午饭吃得很晚，饭后，劳累半天的奥特玛博士去休息了，叮叮和当当却余兴难消，决心去验证一下，看看龟和鳖背上是不是真有像奥特玛爷爷说的如树木一样的岁月痕迹。

龟鳖类的寿命一般较长，有"千年乌龟万年鳖"的佳话。那么如何判断龟鳖的年龄呢？

在动物生长发育过程中，温度、食物和光照等外界环境条件的变化会影响机体的生理代谢和生长速度，并在动物身体内留下一定的痕迹。掌握了这些标记，我们就可以鉴定出动物的年龄。龟鳖是变温动物，温度和季节的变化会影响摄食强度及活动能力，可明显地分为生长期和冬眠期，呈现为较典型的周期性生长。当龟鳖进入冬眠期

时，代谢率降低，生长速度显著下降，甚至停止生长，甲壳的生长也受到阻遏，出现致密窄圈；龟鳖生长速度增快时，出现疏松的环。这样，甲壳上疏松宽环及致密窄圈每相间出现一次，则表明龟鳖个体经历了一年的岁月，所以，龟鳖甲壳上的轮纹可以作为年龄鉴定的标记，和树的年轮差不多。

得到甲壳上的轮纹数目后，再加上其破壳出生的1年就是龟鳖的年龄。但是，这种方法只有龟鳖背甲同心环纹清楚时，才能计算比较准确，对于老年龟鳖或同心环纹模糊不清的龟鳖，只能估计推算出它的大概年龄了。当然，不同龟鳖种、环纹清晰度和孵出时存在环纹等因素也会影响年龄的准确度。

也有人根据龟鳖的重量来判断年龄，龟鳖的生长较为缓慢，在常规条件下，1岁龟鳖体重大概在15克左右，2岁龟鳖约是50克左右，3岁龟鳖100克左右，4岁龟鳖200克左右，5岁龟鳖250克左右，6岁龟鳖400克左右……

龟鳖在水中的呼吸

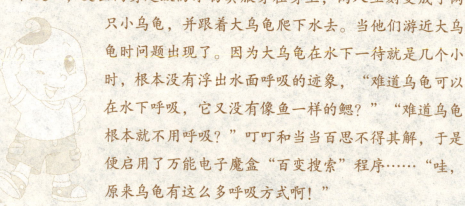

叮叮和当当来到一个池塘边寻找目标，很快他们就发现一个在池塘边爬行的大乌龟。他们拿出万能电子魔盒叫了声"魔力千机变"，变出两身超级防水仿真服穿在身上，两人立刻变成了两只小乌龟，并跟着大乌龟爬下水去。当他们游近大乌龟时问题出现了。因为大乌龟在水下一待就是几个小时，根本没有浮出水面呼吸的迹象，"难道乌龟可以在水下呼吸，它又没有像鱼一样的鳃？""难道乌龟根本就不用呼吸？"叮叮和当当百思不得其解，于是便启用了万能电子魔盒"百变搜索"程序……"哇，原来乌龟有这么多呼吸方式啊！"

龟鳖的身体构造因具有硬壳龟甲，所以呼吸的方式跟一般生物呼吸方式大不一样。它是借由头部、颈部及四肢的伸缩来完成呼吸作用的，因其肺部有一条肌肉连接着前脚，当前脚前后摆动时，拉动肺部肌肉使空气进入肺部完成吸气的动作，之后，另一条肌肉会挤压内部器官将废气排出，如此周而复始完成乌龟的呼吸作用。所以，我们会发现乌龟纵使在休息时，甚至在睡觉时前脚仍会不自主地摆动，其实它是在呼吸。龟鳖呼吸时，先呼气，后吸气，这种特殊的呼吸方式称为"咽气式"呼吸，又称"龟吸"。

水栖与半水栖生活的龟鳖在陆上或在水面时，依靠肺呼吸进行气体交换；但当它们潜入水中时，肺呼吸暂停，利用肺中剩余的氧气，由肺呼吸方式改变成水呼吸方式。龟鳖类的水呼吸方式，主要由口咽呼吸、皮肤呼吸及泄殖腔呼吸等组成。

1.口咽呼吸：当龟鳖潜入水中时，它们的口咽腔会有节律地扩张与收缩，使口咽腔能充满水或排空水。龟鳖类的口咽腔黏膜有丰富的毛细血管，对水中的氧气及微血管中的二氧化碳有高通透性，因此，口咽充水与排水时能充分地进行气体交换。口咽腔是龟鳖类水呼吸的重要器官之一。口咽运动的频率与振幅随水温或季节而变化。温度高时，耗氧量增加，频率与振幅加快。

2.皮肤呼吸：龟鳖的皮肤上分布着丰富的毛细血管，这是专为其水中呼吸所准备的。龟鳖类潜水时，皮肤是除口咽之外的另一个重要水呼吸器官。

3.泄殖腔呼吸：有关龟鳖泄殖腔呼吸的研究，尚未有报道，仅是根据它们泄殖腔壁微血管分布的一种推论，它在水呼吸中究竟占据多重要地位尚不清楚。

"站错队了"——黄缘

叮叮和当当在一片灌木丛中发现了一只奇怪的乌龟，它把头脚缩进壳里的时候就像一个长方体的盒子。

"这是不是书上说的闭壳龟呢？"当当道。

"这还用问吗？头和脚都能完全缩进壳里肯定是闭壳龟了。"叮叮一副胸有成竹的样子。

"那赶快查一下叫什么名字？"当当迫不及待地说。

叮叮拿出万能电子魔盒拍下了图片，输入"百变搜索"程序，屏幕上马上出现了这只乌龟的资料：名字，黄缘，属龟科，盒龟属，并非闭壳龟……

黄缘，龟科，盒龟属，又名黄缘盒龟；主要分布在中国南部地区，所以也叫中国盒龟。头部浑圆，呈青色或橄榄色，眼后有一条明显的黄线，嘴有勾；四肢发达，前爪有五趾，后爪有四趾，趾间有蹼；背甲高而圆拱，呈深啡色，有三条背棱，中间一条为黄色，腹甲呈咖啡黑色，有黄色外围。

黄缘是半水栖性但重于偏陆栖性的，不能生活在深水域内，多栖息于丘陵、山区

的森林边缘、杂草、灌木之中，树根底下、石缝中等比较安静的地方。黄缘喜欢在阴暗，且离有流水的溪谷不远的地方活动。昼夜活动规律随季节的变化而变化。它们生性温和、胆小，同类很少争斗；喜欢群居，常常见到一洞穴中有多个龟同在。黄缘属杂食科，野生的环境下食植物茎叶和各种昆虫及蠕虫；人工饲养时，也可食瓜果、蔬菜、米饭、蚯蚓、面包虫、家禽内脏、瘦猪肉、鱼等，尤喜食动物性饵料。

与其他盒龟一样，黄缘背甲与腹甲间、腹盾与胸盾间均以韧带相连，其韧带异常有力，在遇到如蛇、鼠等敌害侵犯时，可将敌害夹伤甚至夹死，也可将自身缩入壳内，不露一点皮肉，使敌害无从下手。当头尾及四肢缩入壳内时，腹甲与背甲能紧密地合上。以前我们总存在一个误区，把黄缘叫作黄缘闭壳龟，但其实它并不属于闭壳龟属，而是属于"盒龟属"，故又名为"黄缘盒龟"。

什么龟才是真正的
"闭壳龟"

　　看了黄缘龟的资料，叮叮和当当顿时愣住了，"头脚都完全缩进壳内的龟应该就是闭壳龟啊？"叮叮和当当不禁陷入了沉思……

　　正在这时，万能电子魔盒上的红灯闪烁起来，叮叮和当当一下子慌了，因为自从魔盒到他俩手上还从未出现过这种情况呢。两人来不及多想赶紧跑回去问奥特玛博士。原来是奥特玛博士在魔盒上面装上了定向跟踪设备，只要在电脑上输入程序，就能马上找到他们的准确位置。明白原因后，叮叮当当别提多高兴了，不过高兴归高兴，他们并没有忘记问博士爷爷黄缘不是闭壳龟这档子事。因为他们想知道什么才是真正的闭壳龟。

　　"闭壳"，顾名思义就是背甲与腹甲可以闭合，龟的前肢可以完全缩进龟壳里，这是因为在闭壳龟的腹甲前端有一条清晰可见的"韧带"，起着关节的作用，才使得两片甲片可以自由开启或者关闭。

　　难道所有可以缩进壳里的龟都叫"闭壳龟"吗？答案是否定的。那有没有可以闭壳的"非闭壳龟"呢？有！

　　以前我们总存在一个误区：把黄缘叫做黄缘闭壳龟，的确，它应该是我们最常见的能够把头和四肢完全缩进壳里的龟了，但其实它并不属于闭壳龟属，而是属于另一个属——"盒龟属"，所以黄缘应该叫做"黄缘盒龟"，这个属还有一个很常见的品种，那就是"黄额盒龟"，它同样也可以把前肢和头部完全缩进壳里。还有箱龟属的几种龟都是可以"闭壳"的"非闭壳龟"，其中包括卡罗莱那箱龟下的四个亚种以及锦箱龟等，它们都产于美国，颜色非常绚丽，是国内"爬友"追捧的对象。通俗一下理解，它们就是美国的黄缘盒龟，国内产的叫"盒"，到了美国就叫"箱"了。

　　真正属于"闭壳龟属"的只有七种，它们分别是产自东南亚的安布闭壳龟，也叫马来西亚闭壳龟，产自我国的金头闭壳龟、三线闭壳龟、百色闭壳龟、潘氏闭壳龟、周氏闭壳龟和云南闭壳龟。除了安布闭壳龟以外，其他均是我国的特有品种，数量极少，很多都是国家级保护动物，因此，平时几乎很难见到它们的踪迹。

　　那么，盒龟和闭壳龟之间到底有什么不同呢？

　　1.盒龟的背甲比较高，闭壳龟的背甲比较扁平。

　　2.盒龟的腹甲末端的肛盾是圆润无缺的，而闭壳龟腹甲末端的肛盾中间是有缺刻的。

长个"鹰嘴"

——平胸龟

　　"小尾巴，你趴在这儿看什么呢？"叮叮走过来拍了一下趴在石头后面的当当说。

　　"嘘——"当当把食指放在嘴边做了个小声说话的动作。然后把叮叮拉趴下，向水面上努努嘴。

　　"什么啊？……哎，这只龟可真怪，怎么长了个鹰嘴？"叮叮小声道。

　　"这应该就是我们常说的平胸龟吧，因为只有平胸龟才有这样怪异的脑袋。"当当小声回答。

　　"应该是，我查一下。百——变——搜——索——"也不等当当反应，叮叮便进入了万能电子魔盒的搜索程序。

　　"小尾巴，是平胸龟。"叮叮高兴地嚷道。

　　"你才是平胸龟呢。"说完当当狠狠地白了叮叮一眼。

　　发现说了错话，叮叮马上道歉："对不起，我不是说你……"

　　"闭上你的嘴吧，别把它吓跑了。"

乌龟爬上鳄鱼背

平胸龟又叫鹰嘴龟或三不像，呈三角形大头，且头背覆着大块角质硬壳，上喙钩曲呈鹰嘴状。平胸龟的眼睛比一般的龟大，无外耳鼓膜；背甲棕褐色，长卵形且中央平坦，前后边缘不是齿状的；腹甲为橄榄色，较小且平，背腹甲借韧带相连，有下缘角板；四肢均为灰色，而且有瓦状的鳞片，后肢较长，除外侧的指、趾外，均有锐利的长爪，指、趾间有半蹼，既利于陆地爬行，又可以游泳；尾巴较长，个别可露在背甲外，尾巴上覆以环状短鳞片；头、四肢均不能缩入腹甲，是我国已知龟类中较特殊的一种。

平胸龟为水陆两栖，以水中生活为主，在国内主要分布于南方，在国外分布于越南、老挝、柬埔寨、泰国、缅甸。它喜欢生活在满是巨砾和碎石的、水流湍急的山涧中。尽管平胸龟所处的国家大多数是热带地区，但这些龟所栖息的山涧的水温可以低到12℃。平胸龟性情凶猛，主要觅食螺、蚬、贝、虾、鱼、蟹、蛙、昆虫和蜗牛，饥饿时也吃树叶和草根。由于具有锋利的爪和强有力的尾巴，它们能够轻易爬越障碍物，所以能爬上树捕食小鸟。3～4月份天气转暖时，平胸龟会从冬眠中醒来，开始寻食、发情；5～9月份它们开始产卵，大多数卵产于陆地沙土中，少数产于水中；秋末冬初，它们则钻入沙土、草丛或潜入水底冬眠。

气象预报员——鼋

　　叮叮和当当观察过平胸龟后，在岸边转悠了半天也没什么新的发现。这时天气越发闷热了，叮叮便提出要回去。突然当当一指："小豆芽，你看那是什么？"叮叮一看，吃了一惊，水面上浮起来一个大"石板"。叮叮心想："不对啊，石板怎么能浮在水面上呢？"于是他拉着当当悄悄摸了上去，想一看究竟。他们刚来到一块石头后面趴好，水面上的"石板"动了，露出了一个头。

　　"小豆芽，你看是只大鳖。"当当惊奇地叫道。

　　"鳖没这么大，应该是鼋。"叮叮想了想说。

　　"不好，"叮叮突然说，"听说鼋浮上水面近日定有大风，这只鼋又是头朝上游浮起来的，说明近日还有暴雨、洪水来临呢，我得赶紧回去做好准备。"说完拉着当当便往回跑去。

　　鼋，龟鳖类爬行动物，是浙江唯一可以和大熊猫、白鳍豚相提并论的珍稀动物。它们的外形像鳖，容易与其他大型鳖类混淆，与鳖最大的区别是，它们头部宽扁、而且较为圆钝，头部前端的吻突，基本看不到，但是个头却要比鳖大得多，体长为80～120厘米，体重最大的超过100千克。鼋浑身都被以柔软的皮肤，没有龟类那样的角质盾片；身体四周的裙边没有鳖那么发达，颈部较小，四肢长有宽大的蹼，内侧三指有爪；身体扁平而且较薄，呈圆形，背部较平，背甲呈板圆形没有凸起；颈的基部和背甲的前沿较为光滑，后部有瘤状的突起；背甲暗绿色，长有许多小疙瘩；头部、腹部为黄灰色，尾巴短小，尾、后肢均为黄灰色，后肢的腹面有褐黄色的斑块；第三、第五趾的趾端具爪，趾间的蹼较大；肛门呈灰黑色。

鳖没这么大，应该是鼋。

小豆芽，你看是只大鳖。

　　鼋主要栖息于江河、湖泊中，喜欢栖息在水底，善于钻泥沙，行动迟缓，耐饥能力很强，温度过高、过低均进行休眠。鼋对生存环境的要求几近苛刻：水质要好、水流要缓慢，空气要清新，还要有充足的鱼虾作为食物。鼋喜欢在江边安静的沙地中产卵，因此必须生活在深潭和浅滩相结合的区域，并且有向阳的大片沙滩。鼋是夜行性动物，常在晚上游到浅滩觅食螺、蚬、蛙、虾、鱼等动物，食量极大，通常它能一次吃进相当于体重5%的食物，然后半个月内可以不再进食。捕食时，鼋会潜伏于水域浅滩边，将头缩入甲壳内，仅露出眼和喙，待猎物靠近时，发动致命攻击。

　　鼋不仅能用肺呼吸，还能用皮肤，甚至咽喉进行呼吸，正是这种特殊的生理功能确保了鼋在水底冬眠时不被淹死。

　　每年11月鼋都会准时开始在水底冬眠，一直到翌年4月，长达半年之久，人们戏它为"睡神"。

　　但在夏秋季节，鼋会每隔一段时间浮出水面进行换气。最奇特的是，一旦鼋浮游水面，肯定近日有台风。鼋浮出水面时一般都是头部朝下游动，如果头部朝上游动并翘起，近日内就有暴雨或洪水来临。

水底枯叶——玛塔龟

台风如期而至，伴着雷雨大风，所到之处拔树倒屋。不过当地的人们却没有太大的损失，这还得感谢叮叮和当当他们，因为在雷雨大风到来之前，叮叮和当当高举万能电子魔盒高喊"万化神通"，便在村庄前筑起了一道无形的防风墙，保护了人们的生命和财产安全。

叮叮他们正在吃饭，院子里"啪啪"几声响，好像有什么东西掉在院子里。叮叮放下筷子出去一看，院子里除了多了两片大的枯叶外没什么异常，可叮叮仍不甘心，因为他明明听见有东西落地的声音。当他走近两片大枯叶时愣住了，这哪里是枯叶啊，分明是两只龟。他赶紧用万能魔盒搜索，两片"枯叶"原来是两只玛塔龟。

　　玛塔龟又名枯叶龟，大型原始纯高度水栖龟类，蛇颈龟科最著名的成员，因外形独特很像一片枯叶而得名。玛塔龟行动缓慢，生性阴险凶狠、行为诡异，非常善于伪装，捕食率极高。玛塔龟的背甲为长方形，最大的长40厘米，表面粗糙，有许多瘤；每个盾板都是圆锥形的，并具有明显的同心生长环；头呈三角形，颈较长，颈部可以自如伸缩，上面还有无数的小肉瘤和褶皱，离远看的确像一只古代的蛇颈龙；嘴较宽，吸力很大、正面看上去像是在微笑。幼年时期，玛塔龟背甲和颈部为茶褐色至红褐色，腹甲鲜艳，通常为橙红色，当它长大时，变成黄色或褐色，颈部呈红褐色，但最终会变成棕褐色或茶褐色，喉部具有两条暗色带状条纹。

　　玛塔龟是典型的沿着底部爬行的，通常伸长脖子将鼻尖刚好超过水面来呼吸，生活在南美洲奥里诺科河和亚马逊河流域，喜欢混浊的静止或缓慢流动的河水。虽然它是完全水栖龟类，但游泳的技术却很差，玛塔龟有夜间捕食的习性，食物包括鱼、两栖动物、淡水贝类，或者落水的鸟类和小型哺乳动物。它的捕食方法在龟类中堪称独一无二：常伪装成沉在水底的植物，待猎物靠近时突然伸长头部靠近猎物，同时张开嘴，扩大喉咙。这组动作产生一股巨大的吸力，将猎物和水一起吸入喉咙里，然后再把水排出，猎物则被吞下。夏季时，玛塔龟会爬至岸边产卵，每胎可产12～28颗卵，经200天才能孵化出小龟。

色彩斑斓——中华花龟

　　风雨过后，叮叮、当当也随着当地人们出去看，他俩还在路边石头堆旁捡到了一只受伤的乌龟，原来，这只乌龟昨天被狂风卷起后掉在路边的石头尖上摔伤了。于是，叮叮和当当马上把它带回家去。经奥特玛博士辨认，这是一只50岁高龄的中华花龟。叮叮和当当知道野生花龟能活50岁，实属不易，便决定救它。叮叮拿出万能电子魔盒，对准昏迷的中华花龟叫道"万化神通"，话音刚落，就见一道金光直射龟身，中华花龟立即好了。

中华花龟，俗名花龟、珍珠龟，因其头部、颈、四肢均布满绿色条纹而得名，分布于老挝、越南、中国大陆南部、台湾等地。中华花龟是淡水龟类中体形较大的一种，长有蹼足善于游泳；头部较小，后脑光滑无鳞，上喙有细齿，中央部有凹陷；背甲粟色，常常沿着棱突长有不甚明显的略带红色的斑块；腹甲棕黄色，每一盾片具有一块大墨斑，腹甲后缘缺刻。中华花龟的幼体通常有3条棱突，但这一般不会出现在较为年长的成体上。雄龟背甲较长，后部较窄，肛孔位于腹甲后缘较远；雌龟背甲宽大，壳较拱，肛孔位于腹甲后缘较近。每年3～5月，雌龟体内有成熟卵，每次产卵10～20枚，孵化期2个月。

中华花龟属亚热带地区的水栖龟类，它们性情和善、胆子小，经驯化易接近人。它们主要以水生植物为食，但也会吃在水中找到的无脊椎动物。中华花龟喜暖怕寒，生活在低洼处水流缓慢的池塘、沼泽和溪流中，风和日丽时，特别爱"晒盖"。水温10℃左右时，它们开始进入冬眠期；水温22℃以上时，活动量、食量增大。

黄色喉咙——黄喉水龟

"爷爷，你又在搞什么发明啊？"当当问。

"我在研究与万能电子魔盒远程视频对话的配套装置。如果研究成功，我在家里就可以跟你们进行交流了。"

"太好了，爷爷，不过，我们要出去搜集龟鳖标本资料了。祝您早日成功！"当当高兴地说。

"叮叮呢？"奥特玛博士问。

"不知道啊，刚才还在这儿呢。"当当四下看了看说。

奥特玛博士刚想打开定向跟踪系统，叮叮便回来了，嘴里一个劲地喊：

"爷爷，小尾巴，你们快来看，这是什么？"

"黄喉水龟。你是在哪儿捉的？"奥特玛博士指着叮叮手里的龟问。

"我哪里是捉的，我是从一个偷猎者手里救的。它受了伤，您先照顾一下，我这就和小尾巴一起去收拾那群家伙！"

黄喉水龟，别名为石龟、水龟、黄板龟、黄龟。此类龟头部较小，橄榄绿色，头顶平滑，上喙正中凹陷，鼓膜清晰，头侧有两条黄色线纹穿过眼部，喉部淡黄色；背甲棕黄绿色或棕黑色，甲长15～20厘米，较为扁平，有三条脊棱，中央的一条较明显，后缘略呈锯齿状。腹甲黄色，每一块盾片外侧有一黑斑；四肢较扁，外侧棕灰色，内侧黄色，前肢五指，后肢四趾，指趾间有蹼，尾巴细短。

在我国，黄喉水龟主要分布于南方各省；在国外，主要分布于越南等国。它们栖息于丘陵地带、半山区的山涧盆地和河流水域中，也常到附近的灌木及草丛中活动，白天多在水中游戏玩耍，晴天喜在陆地上晒太阳。天气炎热时，它们常躲于水中、暗处或将自己埋入沙中，喜欢夜间在水中觅食，主要吃鱼虾、贝类、蜗牛、水草等，摄食时，先慢慢爬近食物，双目凝视，然后猛然伸长脖子，咬住食物并迅速吞下。若

食物过大，它们则要借助两只前爪将食物撕碎后再吞食。黄喉水龟胆子特别小，一旦遇到敌害，立即潜入水中或缩头不动。当温度降到10℃左右时，黄喉水龟进入冬眠。第二年3月底，当温度升至15℃左右时它们慢慢苏醒，但只爬动，不吃食，到4月份，温度达到20℃左右才开始吃食。交配期从4月底开始，交配时间多在夜晚或清晨。产卵期为5～9月，每次产卵1～5枚，时间多在夜晚。产卵前，雌龟先用后肢挖一个直径40毫米，深80毫米口大底小的洞穴，然后将尾部对准洞穴产卵，产卵时后肢伸出，脚掌张开将卵接住，然后轻轻放入穴中。卵产完后，雌龟用后肢拨土，将洞穴填平后才离开。

长着四只眼睛

——四眼斑龟

叮叮、当当跟着偷猎者来到一个湖泊旁，只见他们在湖泊向阳一侧坐下，手里各拿着一个步枪一样的捕龟工具。他们手中的工具像步枪，但跟步枪的功能却截然不同。其实，那只是个步枪形的木棍，上面固定着一个轮子，轮子上缠着细线，细线另一头连着一个铅制的小球，离小球一米左右的细线上有两排锋利的钩子。在龟到水面换气或晒太阳的时候，用力前甩，细线搭在龟身上，然后用力往怀里一拉，便可以钩到龟鳖。这对力道和准度要求相当高，平常人觉得很难，对这些以捕龟鳖为生的人来说倒是轻松自如。一钩一个准儿，也不知有多少龟鳖丧生在他们之手，这不，又有人钩到一只四眼斑龟。

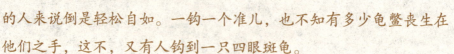

四眼斑龟，别名四眼龟或四眼斑水龟。它们中等体型，头顶光滑无鳞，后缘不是锯齿状或略呈锯齿状；腹甲淡黄色，每块盾片均有大小不等的黑色斑点，背甲与腹甲间借骨缝相连；指、趾间有蹼。雄龟的头顶部呈深橄榄绿色，眼部为淡绿色，中央有一黑点，每一对眼斑的周围都有一白环，颈的背部有三条黄色纵向粗纹，颈腹部有

数条黄色纵纹，颈基部条纹则呈橘红色；雌龟的头顶呈棕色，眼斑为黄色，中央有一黑点，每一对眼斑均前小后大，且周围有灰色暗环包围，颈背、腹部纵条纹与雄性相似，在繁殖期，龟体会散发出异样臭味。四眼斑龟一般在5月初交配，交配前雄龟会绕雌龟打转或在雌龟前面伸长头颈上下左右摇动，交配多在水中进行。产卵期在5~6月中旬，每次产卵1~2枚，并有分批产卵的现象。

四眼斑龟生性胆小，一般喜栖于水底黑暗处，如石块下、拐角处，能在连续多次将鼻孔露出水面呼吸后，长时间静伏于水底。11月水温10℃时龟进入冬眠，对触摸、振动、刺激反应迟钝。冬眠时龟头缩入壳内，四肢、尾部均不缩入壳内，无排泄现象。到翌年4月中旬至5月初水温在15℃时，它们开始活动，中午趴在岸边伸展四肢晒太阳，但不怎么进食。

中国特产

——金头闭壳龟

叮叮和当当看到他们抓到猎物时的高兴样子就来气，叮叮把嘴凑到当当耳边说了几句，便伸手拿出了万能电子魔盒，轻叫一声"魔力千机变"，两架超能隐形飞行器便出现在面前，两人各乘一架迅速消失在湖面之上。这时，湖面上出现了一个长着金色脑袋的乌龟，足有脸盆那么大。叮叮一看就认出是中国特产的金头闭壳龟，金头闭壳龟平时就少见，更别说这么大的了。岸上两个捕龟人用力甩出长线，一看钩到，两人都很高兴，一边拉一边商量如何卖龟分钱。可让他们疑惑的是细线怎么越拉越轻呢？等拉上来一看，傻眼了，不但没把那只硕大的金头闭壳龟拉上来，就连细线端的小铅球也没了。

　　金头闭壳龟，别名金龟、夹板龟、黄板龟，是我国特有品种，属于淡水龟科，目前仅分布于安徽南陵、黟县、广德、泾县等皖南地区。龟背甲多为黑褐色，脊部较平，但脊棱明显，雄性长8～12厘米，雌性10～15厘米；头金黄色，大小适中，头背平滑，头侧略呈黄褐色，有三条黑色细纹；吻略突出于微曲的上喙，下喙短于上喙；四肢较弱，背面有覆瓦状鳞片，前肢五爪，后肢四爪，指趾间蹼发达；尾较短，圆锥状，尾下有成对鳞片。幼龟在第二对肋盾下缘有一棕红色小斑，成体在相应部位有一浅色褐斑。金头闭壳龟栖息于丘陵地带的山沟或水质较清澈的池塘内，以动物性食物为主，兼食少量植物。它们在每年的7月底至8月初产卵一次，每次产二枚，分两次产出。龟卵乳白色，椭圆形，卵鸽蛋大小，重约14克。

背有汉字
——三线闭壳龟

这时，湖面上又出现了一只龟，单就它背上那个"川"字，就足以暴露它的身份。

"三线闭壳龟！"当当指着湖面轻轻叫道。

"是的，我看见了。"叮叮点点头。

这时一个人用力一甩长线，以为要钩住，可是让他没想到的是，当铅球飞到空中时，叮叮口念"魔力千机变"，一把光刀当空飞过，线断了，小铅球直接落入了水中不见了。接着又一条线飞出，同样的结果。水面上的那只三线闭壳龟像是逗他们玩似的，不但没潜入水底，反而向岸边游来。小铅球一个个甩出，线一条接一条地断，就连两个人手中的步枪型木棍也断成两截。岸上的捕龟人害怕了，空中隐形飞行器中的叮叮和当当早已乐得前仰后合了。

　　三线闭壳龟，别名金钱龟、川字背龟。此龟头较细长，头背部蜡黄，顶部光滑无鳞，吻部圆钝，上喙略钩曲，喉部、颈部均为浅红色，头侧眼后有棱形褐色斑块；背甲红棕色，有三条黑色纵纹，中间的那条较长（幼体无），前后缘光滑呈锯齿状；腹甲中间黑色，边缘为黄色，背腹甲间、胸盾与腹盾间均以韧带相连，龟壳可完全闭合；腋窝、四肢、尾部的皮肤呈橘红色，指、趾间有蹼。雌性6～7岁、体重1250～1500克时才能达到性成熟；雄性则要早些年达到性成熟，那时体重只有700～1000克。每年春秋季，三线闭壳龟开始进行交配。在交配季节，雄龟先行追逐雌龟，围绕雌龟打转，用头部触动雌龟的头部、肩部，有时雄龟会咬住雌龟的头颈，交配时多在水中，且在浅水地带进行。雌龟产卵季节为每年的5～9月，一年产卵一次，多在夜间进行，雌龟上岸后选择沙质松软的地方，先挖窝后产卵，产卵数量一般为5～7枚。

在我国，三线闭壳龟主要分布在福建、广东、广西、海南、香港等地；在国外，主要分布于越南等亚热带国家和地区。它们栖息于山区阳光充足、环境安静、水质清净的溪水地带，常在溪边灌木丛中挖洞做窝，白天在洞中，傍晚、夜晚出洞活动较多。三线闭壳龟有群居的习性。由于龟是变温动物，活动完全依赖环境温度的高低。当环境温度达23℃～28℃时，活动频繁，四处游荡；低于10℃以下时，随即进入冬眠。一般三线闭壳龟的冬眠期为11月至次年4月上旬，南方地区的冬眠时间较短，一般为12月至次年2月。三线闭壳龟属于杂食性，主要以捕食水中的螺、鱼、虾、蝌蚪等水生昆虫为生，同时也食幼鼠、幼蛙、金龟子、蜗牛及蝇蛆，有时也吃植物的叶和嫩茎。

黑肚皮——十二棱龟

捕龟的工具一个个接连被毁，捕龟人顿时感到这片湖里的龟，甚至湖边的一草一木，无不透着邪气，一个个惊慌失措赶紧收拾东西准备逃之夭夭。

"小豆芽，你看，那个人的网兜里还有几只龟呢，我们过去把它们放了。"

"那龟叫十二棱龟，最大特点就是它们独一无二的黑肚皮。在市场上价格很高。"叮叮说。

"我去救它们！"当当驾着飞行器就要往下冲，却被叮叮拦住了。

"小尾巴，我问你，只有这几个人在捕龟吗？"

"不是！"

"只有这几只龟被捕吗？"

"不是！"

"他们捕龟干嘛用？"

"卖钱！"

"要想卖龟到哪儿去？"

"龟市场。"

"龟市场在哪啊？"

"我知道了，哦……你想救更多的龟，小豆芽，真有你的！"

"孺子可教，孺子可教也！"

"说你胖你还喘起来了！"

　　十二棱龟，俗名地龟、长尾山龟，半水栖的龟类，不能进入深水（水位不能超过自身龟壳高度的两倍）区域，否则，将会溺水而死。十二棱龟因背甲金黄色或橘黄色，中央具三条嵴棱，前后缘均呈齿状，共十二枚而得名；又因其腹甲是棕黑色，侧有浅黄色斑纹，甲桥明显，而被称做"黑胸叶龟"。它后肢浅棕色，散布有红色或黑色枫叶形状斑纹，所以还有个名字叫做"枫叶龟"。十二棱龟体型较小，成体背平均甲长仅12厘米，宽8厘米；头部较小为浅棕色，背部平滑，上喙钩曲；眼大且向外突出，自吻突侧沿眼至颈侧有浅黄色纵纹；指、趾间有蹼。雌龟的腹甲平坦，尾巴相对短小；雄龟的腹甲中央略有凹陷，尾巴又粗又长。十二棱龟主要分布于中国的广西、广东、湖南等地，以及越南、苏门答腊、罗婆州、日本等。十二棱龟生活于山区丛林、小溪及山涧小河边，食性由龟所处的野外生态环境决定。多数十二棱龟吃面包虫、蟋蟀、蚯蚓、有时也吃植物的嫩茎和果实等，各种鲜活的小虫子也是它们的最爱。健康的十二棱龟入冬可自然冬眠，第二年春天，温度达到15℃左右时，就会自然醒来。

金色脑袋——缅甸陆龟

　　龟鳖市场可真不小，较大的商户就有几十家，那些小摊点更是不计其数了。叮叮和当当也跟着来此进货的人四处转悠。

　　到了一个摊位旁，当当指着一个金色脑袋的乌龟问道："这是金头闭壳龟吧？"

　　"小尾巴，不知道就别瞎说，也不怕别人笑话，没看到它的头和四肢不能完全缩进壳里吗？这是缅甸陆龟。"

　　见叮叮如此不给自己留面子，当当使劲瞪了他一眼，不再说话了。

　　"没看出来，小家伙还是个内行呢。"一听店主夸自己，叮叮顿时高兴起来，头上的小豆芽跟着也翘了起来。

　　"小家伙，发型不错嘛。"

　　一句话，引起了在场人的一阵哄笑。

　　叮叮不好意思地拉当当挤出人群，恨恨地说："笑吧，笑吧，一会儿我就让你们都笑不出来。"

缅甸陆龟，俗称黄头陆龟、黄头象龟、金头象龟，其体形较小，成体呈黄绿色，每一盾片有不规则的黑色斑块；头为淡黄绿色，头顶除有一对前额鳞及一枚分裂的大额鳞外，均为不规则的小鳞片；吻部较短，有细锯齿状颚缘。背高甲长，但脊部较平；臀盾单枚，且向下包；腹甲肥大，前缘平而厚实，后缘缺刻深；四肢褐色，粗壮而呈圆柱形，有黑色不规则斑点；前肢五爪，趾间无蹼；尾巴短小，尾端有一角质突，锐利如爪，雄性尤为发达。雌性龟的腹甲平坦，泄殖腔孔距腹甲后部边缘较近；雄性龟的腹甲中央凹陷，年龄越大腹甲凹陷的程度越大，尾巴相对雌性较为粗壮，泄殖腔孔距腹甲后部边缘较远。

　　缅甸陆龟是亚热带的陆栖龟类，主要分布在东南亚等国，在我国仅产于广西、云南，栖息于山地、丘陵及灌木丛林中，主食花、草、野果及真菌、蛞蝓等。缅甸陆龟有固定的栖息场所，不管在白天爬至多远，晚上它还是会乖乖出现在固定的栖息地。比起其他的龟类，缅甸陆龟性情温顺，同类间未见过撕咬，但有抢食现象。此龟喜暖怕寒，白天活动少，夜晚活动多，喜在雨水中爬行，久旱逢雨，显得异常兴奋。每年的6~9月为缅甸陆龟活动、摄食旺盛期；温度低于11℃时，进入冬眠状态；若长期处于低温5℃~7℃左右，便会生病；次年4月下旬温度升至16℃时，就会从冬眠中醒来。

亚洲最大——麒麟陆龟

叮叮和当当来到另一个摊位旁。

"小尾巴，知道这是什么龟吗？"叮叮指着池子里一只脸盆大小的龟问。

"这叫麒麟陆龟，是全亚洲陆龟中最大的种类。对吗，豆芽同志？"当当向池子看了看说。

"行啊，小尾巴，知道的不少嘛！"叮叮深感意外地说。

"不知道点能行吗？不然总被有嘲笑没学问，我可受不了。"当当没好气地说。

"行了，小尾巴，我错了，还不行吗？"叮叮一看当当生气了，赶紧上前说。见当当还嘟着小嘴，叮叮马上举起右手说："我发誓，我再也不说了，好吗？"看到叮叮那滑稽的样子，当当不由得笑了："行了，谁让你发誓了，还是办正事吧。"

麒麟陆龟是热带及亚热带陆栖龟类，也是亚洲最大的陆龟，又称山龟、龟王。中国境内主要分布于广西、海南、湖南、云南等省区；在国外主要分布于缅甸、柬埔寨、马来西亚等国。此龟因前肢的外侧有巨大的鳞片，大到就像多出两条腿一样，所以有时人们也称它为"六腿陆龟"；其前后缘呈强烈锯齿状，背甲相对较低，中央凹陷，又名凹甲陆龟。它的身体背部为黄褐色，腹甲黄褐色，间有暗黑色斑块或放射状纹；背甲与腹甲直接相连，其间没有韧带组织；四肢粗壮，圆柱形，有爪无蹼。麒麟陆龟的成体体长可在30厘米以上，宽达27厘米，体重20多公斤。

麒麟陆龟大多活动于阴暗潮湿的环境，并且可以长期忍受空气中偏高的湿度。野生的麒麟陆龟主要活动于灌木林、树林底部和潮湿的洼地中。此外，它偶尔会出现在较为干燥的环境。从这些不同类型的栖息环境中，可以看出麒麟陆龟适应不同湿度环

境的特殊能力。它们白天常爬出，夜晚则一定会回到龟窝休息。在阴暗停留久了，眼睛处有泪液排出。

　　麒麟陆龟通过堆积枯枝落叶筑成一个土墩，在里面埋23～51枚球形硬壳卵。此后，成龟会守着巢穴，攻击那些试图偷蛋的掠食者，这也是它和其他龟不同的地方。幼龟在60～80天后出壳，其性情胆怯，受惊时，头缩入壳内，立刻又伸出壳外，重复数次，且嘴中不断发出"哧、哧"的放气声，待平静后，头上下抖动，又慢慢伸出壳外。若它被拿起，则伸出四肢，张嘴欲咬。入冬环境温度达15℃以下时，麒麟陆龟进入冬眠，第二年4月上旬复苏。

"举手投降"——四爪陆龟

叮叮和当当拿出万能电子魔盒，一指身边盆子里的四爪陆龟，叫了一声"万化神通"，奇怪的事情发生了，那只四爪陆龟开口说话了："快放我出去，你们这些混蛋，不放我出去你们会遭报应的。"店主开始还不知道是怎么回事，扭头四下地找起来。当他意识到是盆中的四爪陆龟在说话时，脸一下子就绿了，吓得他不住地往后退，一下子掉进了养龟的池子里。平时不咬人的龟好像一下子都狂了，照着店主的大腿屁股就是一顿狂咬，就在他被店员拉出后，屁股上还有只四爪陆龟咬着没松口呢。

四爪陆龟是生活在内陆草原地区的龟类，俗名旱龟或草原龟。此龟背甲中部略微扁平，基本上呈圆形，长12～16厘米，宽10～14厘米；头部与四肢都是黄色的，头顶有对称的大鳞；喙缘呈锯齿状。前肢粗壮略扁，后肢为圆柱形；都有四爪，趾间无蹼。成年龟体色为黄橄榄色或草绿色，并有不规则黑斑；腹部甲壳黑色大而平，边缘为鲜黄色，并有同心环纹；股后有一丛锥形大鳞。雌龟略大于同龄雄龟，雌龟尾巴较短，尾根部粗壮，而雄龟尾巴较细长。当你将其举起时，它会伸展四肢，做出"举手投降"状，样子十分可爱。四爪陆龟主要分布于天山支脉阿克拉斯山的前山荒漠地带，

在我国境内只分布在新疆地区，生活在海拔700~1000米的黄土丘陵地带，常在土质湿润、蒿草丰富、螺贝较多的背阴山坡凹地栖息，平时喜食牧草、蔬菜、水果。

　　四爪陆龟的生活习性与气候条件的变化密切相关，晴天在山坡取食，阴天和夜晚躲在洞中。一天中，它们早晨8~9点开始活动，14点后由于气温升高，常躲在草丛中或临时洞穴中休息，下午16点以后又开始活动，太阳落山前后掘临时洞穴藏身休息。8月末入洞休眠，休眠洞较深，常在向阳山坡栖居。休眠期长达7个月，次年春季才爬出来活动，随即进入繁殖期。在求偶活动中具有明显的争雌现象，格斗中获胜者赢得新娘。5月上旬进入产卵期。雌龟选好穴址后，先用四肢蹬地，以腹板将杂草推开，整理出一块平而干净的地方，然后以两前肢撑地，两后肢轮换着掘出灯泡形状的产卵穴。四爪陆龟的卵呈椭圆形，如鸽蛋大小，每窝产卵3枚。产卵结束后，成龟用土埋住产卵穴口，依靠太阳光完成孵化。

狡猾多端——玳瑁

被咬的店主一阵嚎叫，引得旁观者阵阵哄笑，叮叮一看没达到预期的效果，坏主意又冒了出来。他把万能电子魔盒举了起来……

"万——化——神——通——"

这下可不得了了，市场上所有的龟鳖同时出击，向各自的店主发动进攻，且一个个都能开口说话，吓得那抓龟卖龟吃龟害龟的商贩们一个个惊慌失措，哭爹叫娘地向市场门口跑去。当他们跑到门口时，傻眼了，各门口都有一只硕大的玳瑁拦住了去路。

玳瑁，龟鳖目海龟科的一种，分布于大西洋、太平洋和印度洋，中国北起山东、南迄广西沿海均有分布，体型较大者可达1米，最大者甚至可达1.7米。历史上曾经捕获的最重玳瑁达到210千克。由于它的背甲瓦状排列共有13块，所以得名"十三鳞"；又因上颚钩曲尖锐如鹰喙般，也被称为"鹰嘴海龟"。玳瑁躯体扁平，有保护性的背甲、适于划水的桨状鳍足，以及躯体后部锯齿般的缘盾；成体甲壳为黄褐色，平滑有

光泽；颈及四肢背面均为灰黑色，腹面为白色。玳瑁的头长尾短，四足扁平，头尾和四足均可缩入甲内，前鳍足端各有两爪，后鳍足端各有一爪，前足大，较窄长，后足小，较宽短，游泳时姿态如飞鸟一般。

　　虽然玳瑁生活在广阔的海域中，但主要的生活区是浅水礁湖和珊瑚礁区，而珊瑚礁中的许多洞穴和深谷也为它提供了捕食及休息的条件。海绵是它们最主要的食物，而这些海绵中的部分物种对于其他生物来说是剧毒且致命的，所以玳瑁肉中往往会含有致人死亡的高毒性物质。此外，由于海绵体中通常含有大量二氧化硅，因此玳瑁是屈指可数能够消化玻璃的动物之一，也是唯一能消化玻璃的海龟。除海绵外，玳瑁的食物还有海藻以及水母和海葵等刺胞动物，其中就包括极为危险的僧帽水母。诸如僧帽水母这样的剧毒动物的刺细胞并不能透过玳瑁生有鳞甲的头部，在捕食这些刺胞动

物时只要闭上没有保护结构的眼睛，就可以尽情享受。它们的双颚十分有力，可以咬碎蟹壳甚至是极为坚硬厚实的贝壳；嘴如鹰喙，为其捕食珊瑚缝隙中的小虾和乌贼提供了方便，所以玳瑁有时也会捕食乌贼，虾蟹和贝类。

玳瑁每2～3年交配一次，在其分布区的偏僻岛屿上或荫蔽礁湖中进行。交配后，雌龟会拖着它们沉重的躯体在夜深人静的时候单独上岸。首先，它们会选择一片区域并清理干净，然后用头和肢体掘出一个深深的沙坑，把卵产在里面。通常，一次可产150多枚卵，最多可达惊人的250枚。产完卵以后，它们便用前肢拨动沙土，把乒乓球大小的卵掩埋好抹平，但由于其身体过于沉重，即使尽力抹平自己的足迹，沙滩上还是会留下明显的行迹，这样人类和其他动物就能轻而易举地偷走它们的卵。为了不露出一丝痕迹，玳瑁会在埋了卵的沙坑附近东挖西掘，布一个令人眼花缭乱的"迷魂阵"，以假乱真。在数个小时的忙碌之后返回大海，从此不再理会自己的孩子。这些刚孵出的稚龟体色灰暗，甲壳呈心形，长2.5～4.6厘米，不如成年玳瑁的壳那么坚硬，但是

盾片已呈覆瓦状排列。小玳瑁的头部虽然可以像成年玳瑁一样自如的伸缩，但是却不能四周转动。出壳后它们就会本能地奔向大海。雌性成年后会回出生地产卵，雄性则直到死也不会再离开它们的"家"。

"未卜先知"

——中华鳖

叮叮和当当见闹得差不多了，便利用魔力千机变化身超级网络战士……

"你们听好了，我们是上天派来的野生动物保护天使，专门来收拾你们这些愚昧之人，野生动物是我们人类的朋友，就拿中华鳖来说，野生的数量本来就不多，还要遭受你们的无情捕杀，你们真要让它们从地球上消失，才高兴吗？"

"我们错了，不敢了，以后我们再也不敢了。"

"我不管你们是真心是假意，这次我先放过你们，如有下次，我必让你们得到应有的惩罚。"

叮叮和当当走了，这些商贩也都回了家，奇怪的是他们夜里总做一个同样的梦，梦见被他们捕杀的动物来找他们报仇。吓得他们个个跪地发誓：决不再捕杀野生动物。之后他们才不再做那样的梦了。

　　中华鳖，属水陆两栖爬行动物，俗名很多，如鳖、甲鱼、元鱼、王八、团鱼、脚鱼、水鱼等。此鳖体躯扁平，呈椭圆形，体色基本一致。背际和四肢呈暗绿色，有不明显的淡色斑点。腹甲灰白色或黄白色，平坦光滑，背腹甲上着生柔软的外膜，周围有裙边。头部粗大，呈三角形，脖颈细长，呈圆筒状，伸缩自如。眼睛很小，但视觉敏锐。四肢扁平，后肢比前肢发达。尾巴短小。头、四肢和尾巴均可缩入甲壳内。

　　中华鳖广泛分布于除宁夏、新疆、青海和西藏外的我国大部分地区，尤以两湖、江西、江苏、安徽等省产量较高，另外在日本、朝鲜、越南等地也有分布。它们喜欢生活在江河、湖沼、池塘、水库等水流平缓、鱼虾繁生的淡水水域，也常出没于大山溪中，对水质要求非常苛刻。中华鳖在安静、清洁、阳光充足的水岸边活动较频繁，有时也上岸但不能离水源太远。它们有晒太阳或乘凉风的习惯，能在陆地上爬行、攀登，也能在水中游泳。中华鳖属变温动物，所以对周围温度的变化非常敏感：当

外界温度降至15℃以下时，便开始停食，潜伏在水底泥沙中冬眠（一般为10月至翌年4月），冬眠期将近半年之久。它们生性怯懦，怕声响，白天潜伏水中或淤泥中，夜间出水觅食，主要以鱼虾、昆虫为食，尤其喜食臭鱼、烂虾，有时也吃水草。中华鳖4～5岁成熟，每年4～5月水中交配，20天后产卵，一般每年可产卵3～4次，较大的雌性一年可产卵24～30枚，最多每年可产卵近百枚。产卵点一般环境安静、干燥向阳、土质松软。产卵时雌鳖先选好产卵点，掘出10厘米深的坑，将卵蛋产于其中，然后用土覆盖压平，不留丝毫痕迹。奇怪的是，中华鳖能准确预测当年的降雨量，穴距离水面的高度总是比当年的降雨量高那么一点点，不会出现卵穴被淹的情况。

餐桌佳肴——山瑞鳖

　　几天后，叮叮和当当又回来了，他们来到一家饭店，为了证实一下自己的成果，叮叮点了店里以前的招牌菜：清炖山瑞鳖。服务员摇头表示没有。

　　"红烧龟块！"

　　"没有！"服务员依然摇头。

　　"你们这儿怎么什么都没有。"当当插话道。服务员左右看了看，小声说："前几天来了两位保护野生动物的天使，说谁再经营野生动物的买卖将被严惩，这样一来，谁还敢呢？"听了服务员的话，叮叮和当当对看了一眼，心里甭提多高兴了。正在这时，店里来了个

农民打扮的人，是来卖山瑞鳖的，叮叮和当当当时火便冒了出来，但人家坚持是自家养的，叮叮不相信，还拿出万能电子魔盒变出测试仪来检测他所说是真是假，一测才知道那人说的确实是真话。

山瑞鳖，也称山瑞，在国内主要分布在广东、香港、海南、广西、云南、贵州等地，在国外主要在越南、夏威夷群岛、马斯克林群岛等地有分布。其背甲长7～16厘米，宽6～14厘米。最大的可以达到10千克。它们形态与其他鳖类相似，头背皮肤光滑，头前部瘦削，吻长且特别突出；体躯扁平，呈椭圆形，背、腹甲骨板不发达，表面覆以柔软的革质皮肤，无角质盾片，周边有较厚的裙边；眼小而瞳孔圆；脖颈细长，呈圆筒状，伸缩自如；四肢扁平，后肢比前肢发达，均具五指、趾，内侧三趾具爪，指、趾间蹼发达，四肢不可缩入壳内。与其他鳖类的主要区别在于，山瑞鳖的颈

115

基部两侧及背甲前缘都有粗大疣粒。它们多生活于山地的河流和池塘中，以水栖小动物、软体动物、甲壳动物和鱼虾等为食。山瑞鳖每年产卵2～3次，每次产3～18枚。

山瑞鳖是一种珍贵的经济动物，在两广地区，山瑞鳖作为一种经济资源，过去除供应国内市场需求外，每年还大量出口香港等地。由于大量捕捉及水体受污染，山瑞鳖数量有逐年减少的趋势，是极危物种。早在1988年11月8日第七届全国人民代表大会常务委员会第四次会议上通过的《中华人民共和国野生动物保护法》中，就将山瑞鳖定为国家Ⅱ级重点保护野生动物，此条文并于1989年3月1日施行。20多年过去了，如今山瑞鳖的数量及栖息环境都已有了极大的改观。

第四章

蛇家族

蛇的概述

　　叮叮和当当在路上看到了一条受了重伤的蛇，叮叮想去救了，可当当却要拉他走，还说："我最讨厌蛇了，反正也不是我们伤的它，咱们走吧。"

　　叮叮一听心想："我们来采集爬行动物标本，里面没有蛇怎么行呢？"于是叮叮便拉着当当到一边，试图劝说以打消她对蛇的偏见。

　　"其实蛇是一种美丽文静的动物，单对人类来说，它也是功大于过的，而且它还是自然界中伟大的灭鼠功臣呢！"叮叮说。

　　可当当就是对蛇没有多少好感，于是叮叮便开启了万能电子魔盒"百变搜索"程序，找出有关蛇的资料给当当看。还别说，这招还挺管用，当当看了之后，虽然对蛇还提不起多大兴趣，可至少她不再阻拦叮叮救助这条受伤的蛇了。

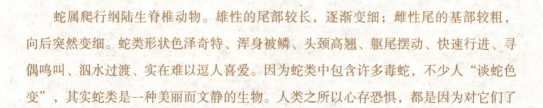

　　蛇属爬行纲陆生脊椎动物。雄性的尾部较长，逐渐变细；雌性尾的基部较粗，向后突然变细。蛇类形状色泽奇特、浑身被鳞、头颈高翘、躯尾摆动、快速行进、寻偶鸣叫、泅水过渡、实在难以逗人喜爱。因为蛇类中包含许多毒蛇，不少人"谈蛇色变"，其实蛇类是一种美丽而文静的生物。人类之所以心存恐惧，都是因为对它们了

解不够。但客观地讲，蛇对人类还是功大于过的。蛇的全身都是宝：皮可用来制皮具和乐器；毒可以制作药酒；胆和蛇蜕可以入药；肉还是美味佳肴。

最早的蛇类出现于白垩纪早期，甚至更早一些。大概在侏罗纪时期，地球上出现了很多品种的蜥蜴，而蛇类便是由这些蜥蜴的某个品种演变而成的。如今地球上蛇类约有十大家族，分别是：蟒科、盲蛇科、细盲蛇科、针尾蛇科、筒蛇科、闪鳞蛇科、镜蛇科、蝰科、游蛇科、海蛇科。蛇类的栖息环境可分为水生性和陆栖性两种，水生性可再分为淡水和海水。陆栖性蛇科又可分为地面性、树栖性和穴居性三种。

119

　　蛇是冷血动物，本身是没有温度的，它不能通过自身生理去调节体温，它的体温随着身边环境温度改变。因此在冬季低温时，一般蛇类会把身体埋于地下以找寻温度较理想的位置进行冬眠，在地下蛰伏三个月之久，不吃不喝，直到来年春回大地、万物复苏、温度回升之后，才结束冬眠，回到大地繁衍生息，并脱掉原来的外衣。蜕皮后不久，蛇的身体状况逐渐恢复，活动量增大，食量增加。随着气温逐渐上升，它们开始发情。寻偶时，雌雄蛇发出"哒哒哒"的鸣叫声，如击石声般清脆响亮。蛇的产卵期一般在4月下旬到6月上中旬，以卵生和胎生为主，不过也有少数的蛇是卵胎生，因品种而异。所产蛇卵一般粘结成一个大的卵块。蛇类喜欢荫蔽、潮湿、人迹罕至、杂草丛生的繁茂树林、枯树洞、乱石堆、柴垛草堆、古埂、土墙，都是它们栖居、出没、繁衍的场所，但也有的蛇栖居水中。蛇食以鼠类、蛙类、鸟类为主，也捕食鸟卵，捕食时一般以"守株待兔"方式，躲在暗处等待食物的出现，但有时也主动出击。它们悄悄地爬上屋檐近侧的墙壁，游到家燕巢边，不断伸舌，攻击时，先行缠绕，待平安后，再行张开嘴巴，囫囵吞食。

蛇的变色

走在路上，叮叮为改变当当对蛇的偏见，不停地给当当讲有关蛇的趣闻："小尾巴，你知道吗？蛇也是会变色的。""蛇会变色？"由于当当平时不喜欢蛇，有关蛇的东西一律不看，对蛇所知甚少，说起蛇的变色，当当真的是闻所未闻，于是便要叮叮讲给她听。为了让当当更多地了解蛇，更好地和自己一起完成采集标本的任务，叮叮真是知无不言，言无不尽。

　　各类陆生的脊椎动物都有色变的个体。在爬行动物里面，避役能因环境背景颜色的不同而变色，所以有"变色龙"之称。蛇在亲缘关系上是避役的"堂弟"，变色的本领虽不及它的"堂兄"，但也有不少种类是有色变功能。它们的色变，是由于皮内色素细胞的伸张或收缩而产生的，和细胞内的黑色素多少有关，如果多了，体色就变黑，少了就变浅，甚或成为白色。有时蛇是暂时性的色变，有时由于环境条件和自身生理状态的改变，也会成为较久的或永久性的色变。

　　水赤链蛇是我国东南部常见的一种无毒蛇，背面灰黑色，体侧灰色、具有黑色斑纹，腹面是红色与黑色交互排列的半环状斑纹。可是在浙江却发现了一条橙色的水赤链，色彩鲜艳，非常美丽，头部及体背面为橘黄色，腹面是粉红色和灰白色交互排列的斑纹，和正常的个体相比，好像是另一种蛇。竹叶青是毒蛇，生活在树林及竹林中，它也会因环境的不同而变色。至于同一种蛇，其体色深浅的变化就更不足为奇。在广州、湖南都发现过白色的眼镜蛇。日本还发现一种白色锦蛇，在饲养条件下，这种白蛇的体色居然还能遗传给后代。

　　与以上相比，银环蛇的色变，花样可更多。在正常的情况下，这种毒蛇的背面是黑白相间的半环纹，白环之白如银，所以叫做银环蛇。但在色变的个体中，有的是浅棕黄色和白色的半环纹相间；有的通身黑色，只有体前段和后段留下几个白色半环纹；也有的白色半环纹全部消失，只是在背脊上残留30多个白斑。此外，还有其他一些色变的样子。这些色变如不仔细察看，往往会发生分类上的差错，此前曾有人在海南岛采到一条银环蛇色变的标本，竟把它定名为黑环蛇，作为国内新纪录发表出来。

蛇为什么要蜕皮

经过叮叮对蛇的讲解，当当开始逐渐接受蛇了，走在路上还不住地往两边草丛中看，希望能发现条蛇。

忽然，当当叫住走在前面的叮叮："哎，小豆芽，你看这是什么？"

叮叮回头一看，原来是截蛇皮，便道："这是蛇蜕的皮。"

"蛇蜕的皮？"当当一愣，"我知道蝉会蜕皮，蛇也会蜕皮吗？"

蛇是冷血动物，体温随着身边环境温度改变。在冬季低温时，一般蛇类会把身体埋于地下进行冬眠，一睡就是几个月，直到来年温度升高之后才醒来，蛇醒时便会脱掉原来的外衣，即蜕皮。

蛇蜕皮是一种生理现象，是蛇生长过程中必不可少的代谢现象。它一出生就开始蜕皮，一年就要蜕皮2～3次，多的可达10余次。蜕皮次数越多，说明生长发育越快，反之则慢。年轻的蛇生长迅速，比年龄大而生长迟缓的蛇蜕皮的次数多些。蜕皮可能是蛇生活过程中的固有特性，因为有些不再增长的个体也曾有过蜕皮现象。

蛇皮肤分表皮和真皮两部分，表皮在外面，由内向外依次为生发层、生活细胞

层、甲种角质层、乙种角质层。生活层与甲种角质层之间的部分是中介层，蜕皮就在此层进行。蛇蜕皮前，生发层细胞迅速增生，在中介层之下形成新的表皮结构(也包括生活细胞层和两种角质层)。蜕皮时，蛇的新旧皮之间会分泌出一种蛋白质水解酶液体，在其的作用下，中介层溶解，位于中介层表面的老的表皮结构蜕去，新形成的表皮结构便显露于外了。蛇蜕皮前一般不活动。蜕皮前6～11天眼角膜呈烟雾蓝色，体色暗浊，暂时失明。3～5天后，眼复明，再过3～6天，蛇开始用力擦吻端及上下颌，上下颌角皮均擦开后，头部角皮易翻蜕。蛇可借助树枝、岩石、草等障碍物加快蜕皮速度。蜕皮后的蛇体，斑纹清晰，新鲜醒目。蛇蜕皮后，活动量增大，觅食量增加，体况会逐渐恢复。

蛇是如何进食的

听了叮叮讲蛇蜕皮的故事，当当更迫切地想看到蛇了，她不单是仔细观察着路边的草丛，还不时用脚扒拉一下较深的草。真是功夫不负有心人，还真被她找到了一条，可是这条蛇有点怪，身体两端最粗也不过鸽蛋粗细，可中间靠前的部分足有鸡蛋那么粗，于是她马上叫叮叮："小豆芽，快来看！"

"哦，这条蛇刚吞了一只大老鼠。"叮叮看了看说。

"你怎么知道？"当当不解地问。

"你看，老鼠尾巴还没完全吞进去呢。"叮叮指着蛇嘴外的一小截老鼠尾巴说。

"还真是老鼠尾巴，"当当吃惊地说，"可是，可是这条蛇这么细，老鼠那么大，它是怎么吃进去的呢？"

小豆芽，快来看！

哦，这条蛇刚吞了一只大老鼠。

　　蛇类多以活动物作为食物，一般的无毒蛇在进食时会用身体先把猎物缠绕，使其窒息而死，然后再吞食。毒蛇摄食时，首先对猎物突然咬一口，注入毒液然后放开，等待猎物中毒死亡后才慢慢吞食。但它们两者都有着一个共同点，就是在进食时多由猎物头部开始。蛇的食欲较强，食量也大，嘴可随食物的大小而变化，遇到较大食物时，下颌缩短变宽，成为紧紧包住食物的薄膜。蛇有判断捕获物头、尾的能力。进食时，常从动物的头部开始吞食，而吞食小鸟则从头顶开始。这样，鸟喙弯向鸟颈，不会刺伤自己的口腔或食管。喜欢偷食蛋类的蛇，有些是先以其身体压碎蛋壳后才进食，但也有些蛇类，能把鸡蛋或其他更大的蛋整个吞下去。在吞食时，先以身体后端或借其他障碍物顶住蛋体，然后尽量把口张大将整个蛋吞进去。有趣的是，非洲和印

度的游蛇科中的一类食蛋蛇，具有特殊适应食蛋的肌体结构：它们颈部内的脊椎骨具有长而尖的腹突，能穿破咽部的背墙，在咽内上方形成锯状，当把蛋吞进咽部时，随着咽部的吞咽动作进行"锯蛋"运动，把硬蛋壳锯破，并且凭借颈部肌肉的张力，使蛋壳破碎，同时把蛋黄、蛋白挤送到胃里，剩下不能消化的蛋壳碎片和卵膜被压成一个小圆球，从嘴里吐出。

蛇又是如何吞食比自己大得多的猎物呢？这与蛇的生理结构、消化系统以及相应肌肉系统都有很大的关系：蛇的嘴巴通过韧带联结，伸缩性极强，而且，下颚可以随意脱落，因此它的嘴巴可以张大到130度，甚至180度，而人的嘴巴最多也只不过张大到30度；蛇的胃不是圆球状的，而像一只长得出奇的袋子，肠子也不是弯弯

曲曲的，而是一条直直的管道，这些结构保证食物在蛇体内畅通无阻；蛇在吞食猎物时，活动的喉头可以伸到口外，这样就不必担心气管被堵住了；蛇在缠绕猎物时，边缠边收紧，直到猎物窒息而死。然后，它把猎物挤成长条状便于吞下，这种加工对于蛇吞食也有重要作用。所以蛇可以吞食比自己大好几倍的猎物。

蛇的爬行

　　当当一边走一边用脚趟着路边的草丛，希望再找到一条蛇，因为她越来越觉得蛇有趣了。

　　"小尾巴，你别用脚乱趟，这里蛇很多。"

　　"蛇很多？我怎么没看见呢？"当当疑惑地问。

　　"你过来看看，这些都是蛇爬过的路。"叮叮指着草丛旁的痕迹道。

　　当当愣了一下，忽然抬头张了张嘴却没说话，只是眉头拧成了个疙瘩。

　　叮叮看见了便问她："小尾巴，你在想什么呢？"

　　"我在想蛇没有腿，它是怎么走路的呢？"当当停了一下还是说出了自己的心事。

　　"你不知道吗？蛇是靠腹部鳞片的收缩爬行的。"

　　蛇的行走千姿百态，或直线行走，或弯蜒前进，在沙漠地带还有一种蛇居然是横行的。蛇体分为头、躯干及尾三部分，头与躯干之间为颈部，界限不很明显，躯干与尾部以泄殖孔为界。而蛇这些行走姿态正是由其独特的身体结构所决定的。

　　蛇不仅能爬行，而且爬行得相当快。蛇之所以都能爬行，是由于它有特殊的运动

方式：第一种是蜿蜒运动，所有的蛇都能以这种方式向前爬行。爬行时，蛇体在地面上作水平波状弯曲，使弯曲处的后边受力于粗糙的地面上，由地面的反作用力推动蛇体前进，如果把蛇放在平滑的玻璃板上，那它就寸步难行了。

第二种是履带式运动。蛇没有胸骨，它的肋骨可以前后自由移动，肋骨与腹鳞之间有肋皮肌相连，当肋皮肌收缩时，肋骨便向前移动，这就带动宽大的腹鳞依次竖立，即稍稍翘起，翘起的腹鳞就像踩着地面那样。但这时只是腹鳞动而蛇身没有动，接着肋皮肌放松，腹鳞的后缘就施力于粗糙的地面，靠反作用力把蛇体推向前方，这种运动方式产生的效果是使蛇身直线向前爬行，如果你能仔细观察一下坦克行走，那你就不难理解了。第三种方式是伸缩运动，蛇身前部抬起，尽力前伸，接触到支持的物体时，蛇身后部即跟着缩向前去，然后再抬起身体前部向前伸，得到支持物，后部再缩向前去，这样交替伸缩，蛇就能不断地向前爬行。在地面爬行比较缓慢的蛇，在受到惊动时，蛇身会很快地连续伸缩，加快爬行的速度，给人以跳跃的感觉。

蛇是怎么走路的呢？

毒蛇

　　"小豆芽，我真没想到蛇身还有鳞片，有机会我还真得好好观察一下。"说完当当继续用脚扒拉着路边的草丛。"这儿还有一条。"说完便要蹲下身子，想仔细观察一下蛇身上是不是真的有鳞片。

　　"你不要命了吗，小尾巴？"叮叮一把拉起当当道。

　　"你才不要命了呢！"当当生气地瞪了叮叮一眼。

　　"这是毒蛇，就是没毒你也不能趴那么近，咬着你怎么办？"

　　"你怎么知道它有毒呢？它身上又没写着有毒的字样。"当当毫不示弱。

　　"你看它头是三角形的，尾巴又短又粗，身体颜色鲜艳，肯定是毒蛇，要知道，通常颜色越鲜艳的蛇毒性越大。"

　　"啊……"当当听了叮叮的解释嘴张得大大的，一句话也说不出来了。

有毒蛇占全世界蛇类总数的20%。一般颜色较鲜艳，头三角形，有毒牙，尾很短，行动较慢。毒腺位于头部两侧、眼的后方，由唾液腺演化而来的，包藏于颌肌肉中，能分泌出毒液。当毒蛇咬物时，颌肌收缩，毒液即经毒液管和毒牙的管或沟，注入被咬对象的身体内使之发生中毒。然而，从外形上区分有毒蛇与无毒蛇，常会出现错误，如伪蝮蛇，头部倒是呈三角形，但却是无毒蛇类，虎斑游蛇、玉斑锦蛇、火赤链蛇等色泽虽然鲜艳，也并非是毒蛇；而蝮蛇的色泽如泥土或似狗屎样，很难引起人们的注意，但却很毒。翠青蛇由于通身都是绿色，则所以常与竹叶青混淆。所以从毒腺、毒液管和毒牙区分有毒蛇与无毒蛇更为科学、准确。

1.管牙类：其头呈三角形，背部通常呈褐色并带深色斑块，所有蝮蛇科蛇类皆是属此。其毒牙位于上颌前方两侧，又大又长，且中空呈管状，平时藏于肉质鞘中，使用时才会往前伸出。除平常使用的一对毒牙外，其后方并常有1～2对备用牙，毒

性多以出血性毒为主。若根据颊窝的有无，又可将它们分成二亚科、尾蛇亚科和蝮蛇亚科。

2.前沟牙类：毒牙有凹沟，长在上颌前方两侧，仅有一对且不如管牙类那般大，毒性多以神经性毒为主。其头呈椭圆或圆形。外表常具有起警示作用的较明显甚至鲜艳的纵向或环状斑，所有眼镜蛇科蛇类皆是属此。

3.后沟牙类：毒牙长在上颌后方，比一般齿稍大。这类毒蛇毒性通常不如蝮蛇科或眼镜蛇科蛇类那般强。虽然中这类蛇毒时通常仅会肿胀，对生命不构成威胁，但对一些体质较敏感的人仍可能引起较严重之过敏症状。水蛇、唐水蛇、茶斑蛇、大头蛇和台湾省赤链蛇等黄颔蛇科成员也有此类型毒牙。

"走为上策"——乌梢蛇

"小尾巴，我们回家吧，爷爷可能都等急了。"

"没事，爷爷要有事肯定会给我们发信号的，我们再玩会儿，说不定还能发现一些珍贵的蛇种呢？好吗，豆芽哥？"当当一边说一边拉着叮叮的手晃。

这时候，他们听见有说话声，出于好奇两人便顺着声音走了过去，到了跟前一问才知道，原来是两个当地人在水沟旁捕捉乌梢蛇。因为乌梢蛇是名贵的药材，价格堪比黄金，所以有些人便不顾国家法令铤而走险。叮叮和当当当然不能让他们得逞，只是轻呼"万化神通"，让被捕的乌梢蛇张口跟捕蛇者说了句话，吓得两个家伙今世再也不敢捕蛇了。

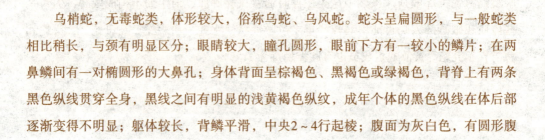

乌梢蛇，无毒蛇类，体形较大，俗称乌蛇、乌风蛇。蛇头呈扁圆形，与一般蛇类相比稍长，与颈有明显区分；眼睛较大，瞳孔圆形，眼前下方有一较小的鳞片；在两鼻鳞间有一对椭圆形的大鼻孔；身体背面呈棕褐色、黑褐色或绿褐色，背脊上有两条黑色纵线贯穿全身，黑线之间有明显的浅黄褐色纵纹，成年个体的黑色纵线在体后部逐渐变得不明显；躯体较长，背鳞平滑，中央2~4行起棱；腹面为灰白色，有圆形腹

鳞。因尾巴细长，故有"乌梢鞭"之称。幼蛇体色与成蛇明显不同，背面为深绿色，有四条纵纹贯穿全身。成蛇体长一般在1.6米左右，较大者可达2米以上。主要分布于台湾岛以及中国大陆的上海、江苏、浙江、安徽、福建、河南、湖北、湖南、广东、广西、四川、贵州、云南、陕西、甘肃等地的平原、丘陵地带或农耕区水域附近。海拔1570米的高原地区偶尔也能见到乌梢蛇的踪迹。

乌梢蛇属狭食性蛇类，主要以食蛙类为主，有时也吃泥鳅和黄鳝；幼蛇食蚯蚓、小杂鱼。乌梢蛇属卵生，6月中下旬开始产卵，每年产6～16枚，孵化期38～45天。它行动敏捷，如有异常动静，不管是敌是友，均是"三十六计走为上策"，故得绰号"一溜黑"。 乌梢蛇可以入药，也可食用，故在市场上的卖价也很高，行内称之为"黄金条"。

红四十八节——赤链蛇

　　叮叮和当当来到一条小溪边，看到清清的溪水，两人便争先恐后地洗起手来。这时一条黑红相间的蛇从溪边草丛游进小溪，逆水上游。当当一见马上想起叮叮说的话，体色鲜艳的蛇一般都是毒蛇，吓得立刻跳上岸去。

　　"小尾巴，看把你吓的，不就是一条蛇吗，况且还离我们那么远呢。"叮叮笑着说。

　　"我，我只是怕它把毒弄到水里。"因为怕叮叮说自己胆小，当当极力为自己刚才的失态找着理由。

　　"毒蛇只有在攻击猎物或敌害时才排出毒液，在平时它可不愿把宝贵的毒液浪费在水里，再说，这条赤链蛇也无毒可用啊！"叮叮一边洗一边说。

　　"你胆大，行了吧，"当当生气地说，"就算它没毒，被它咬一下就不疼吗？"

　　"你说的也是，赤链蛇虽然无毒，但一旦被咬也是件麻烦事。"说着叮叮也跳了上来。

　　"小豆芽，赤链蛇真的没毒吗？我看它的颜色也挺艳的。"

　　"是的，它就是我前时给你说的为数不多、体色鲜艳而无毒的蛇类。"

赤链蛇，游蛇科无毒蛇类，又名火赤链、红长虫、红斑蛇、红花子、燥地火链、红百节蛇、血三更、链子蛇等，因地异而叫法不同。它体长1～1.8米，头部略扁，呈椭圆形；吻鳞高，从背面可以看到；鼻间、眼上鳞片较小，体鳞光滑，背中央后部有数行微微起棱；体背面黑色，具有约70条左右狭窄的红色横纹；头部鳞片黑色，有明显的红色边缘，头后部有一"丫"形纹；腹部白色，在肛门前面则散生灰黑色小点，有时尾下全呈灰黑色。

赤链蛇属卵生蛇类，每年的7～8月份产卵，可产7～15枚。在国内分布很广，除宁夏、甘肃、青海、新疆、西藏外，其他各省（区）均有分布，国外主产于朝鲜和日本。它们大多生活于田野、河边、丘陵及近水地带，以树洞、坟洞、地洞或石堆、瓦片下为窝，野外废弃的土窑及附近也多能见到它们的踪影，并常出现于住宅周围，在村民院内也常有发现。赤链蛇属夜行性蛇类，白天躲藏在墙缝、石头、洞穴中，多在傍晚出没，晚10点以后活动频繁。它们以蟾蜍、青蛙、蜥蜴、鱼类、老鼠、鸟及动物尸体为食，尤其喜欢咬软的东西。遇到敌害时，赤链蛇会先将头部深深埋于体下，摇动尾巴以示警告，如警告敌害无效，会弯成S型向敌人发起迅猛攻击。野生赤链蛇性情较为凶猛，一旦被抓住会乱咬，一旦咬住决不松口。

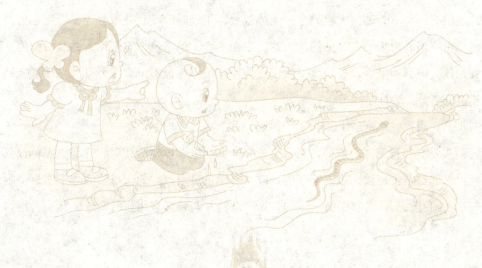

身长双首——两头蛇

　　这一天净跟蛇打交道了，晚上睡觉时当当做了一个梦，梦见自己被一条奇怪的蛇咬了一下，这条蛇居然有两个头。当当被吓醒了。叮叮和奥特玛博士听到惊叫声忙跑过去。当当满头大汗坐在床上，正掉眼泪呢，见叮叮和奥特玛博士过来，便问："爷爷，真的有两个头的蛇吗？"奥特玛博士想了想说："有是有，那是因为这种蛇的头部和尾部非常相似，所以人们都叫它两头蛇。"

　　两头蛇在中国古代被视为不祥之物，大凶之兆，见了两头蛇的人一定会死。相传，楚国有一个掌管楚国大权的令尹叫孙叔敖，年轻时曾经到外面游玩，看见一条两头蛇。由于担心后来的人又见到这条蛇，招来不幸，他迅速把它杀死，并及时埋掉。尽管如此，但回到家后，孙叔敖仍然忧心忡忡，茶不思饭不进，害怕自己先死了，抛下年迈母亲无人赡养。

　　那么，两头蛇究竟是什么样的"怪物"呢？

　　两头蛇，爬行纲，游蛇科，无毒，长36～60厘米，体呈圆柱形，背部灰黑色或灰褐色，颈部有黄色斑纹，腹部橙红色，散布有黑色斑点。它的头与颈区分不明显，眼睛较小，瞳孔圆形，背鳞平滑，尾部较短，圆钝，与颈部有相似的斑纹，猛一看很像

头部，并有与头部相同的行动习性，两头都能前进或后退，善于倒行自保，故名"两头蛇"。目前可查的已有60余种，此蛇分布于印度、缅甸、印度尼西亚、菲律宾和日本。中国产3种：云南两头蛇仅见于云南，尖尾两头蛇主要分布于我国华南和西南地区，钝尾两头蛇主要分布于华中和华南，河南、安徽、江苏、浙江、江西、湖南、福建、广东、广西、贵州等省均有分布。两头蛇多栖息于海拔200～975米的山区，地下穴居，以蚯蚓和昆虫为食，常倒着爬行，以便受攻击时用头部反击。

喉中长"锯"——食卵蛇

　　奥特玛博士抬头看了看窗外，见天色放亮，索性不再回去睡觉，直接带俩孩子去吃早饭。突然前边传来一阵吵闹声，他们过去一问，原来是几个农户家的鸡蛋被偷了，正相互怀疑，在那里争吵呢。奥特玛博士来到丢蛋的现场，观察了一会儿说："你们别吵了，你们谁也不是偷蛋贼，偷蛋的是食卵蛇。"大家听了一愣，顿时停止了争吵。随后，众人的目光齐刷刷地投向奥特玛博士。奥特玛博士在叮叮耳边小声说了几句，叮叮点了点头，拿出万能电子魔盒握在手中轻念"魔力千机变"。众人背后立刻出现了几口1米多高的瓷缸，瓷缸外表没什么特别，只是内壁光滑无比，像打了蜡一样。众人按博士所说，一人搬一个，并把鸡蛋放在缸里，摆在原来的位置。第二天果然抓住了几条可恶的食卵蛇，不过叮叮没让他们把蛇杀死，而是和当当一起把它们送到它们该去的地方了。

食卵蛇，卵生无毒蛇类，较大者身体长也不过1米左右，直径只有2.5厘米。它全身灰色或褐色，上面有颜色较深的山形或鞍形花纹；头部圆形，通常身体短而纤细，拥有一般蛇类没有的"钉状齿"和"嵴椎齿"；咽喉可伸缩自如，颈部的脊椎骨朝向头部前下方突出；每胎可产12～15颗卵，孵化期长达3～4个月之久。

食卵蛇主要分布于非洲大陆，并聚集于森林地带。它们会穿梭在灌木丛内寻觅鸟巢，会模仿锯鳞蝰属的剧毒蛇发出"嘶嘶"的警告声。由于仅上下颚及后方长有牙齿，因而食卵蛇只能以蛋为食，并可吞下比头部大三倍的蛋。在找不到蛋的时候，它们将不会做任何进食。它们在食蛋前先把头部和颈部弯在蛋上靠一下，张合几下嘴巴，松弛松弛肌肉，然后才开始进食。为了不使蛋滑动，进食时，食卵蛇会先用身体把蛋盘住，再慢慢地把蛋吞进口中；接着，弓起颈部，把吞在喉部的蛋夹在头部的那个如刀片状的"嵴椎齿"和稍后的那个"钉状齿"中间，用力地咬合，你会听到"喀嚓"一下，钉状齿即戳破了蛋壳；最后，食卵蛇吞下蛋黄和蛋白后，把蛋壳吐出来。

死而不僵——响尾蛇

路上当当问叮叮："小豆芽，我到现在还不明白，那几口缸怎么就能抓到偷蛋的食卵蛇呢？"

叮叮听了笑着说："其实也没什么，只不过缸的内壁特别光滑，食卵蛇进去之后就再也爬不出来了，所以它也只有被捉的份儿了。"

"爷爷真有办法。"

"小尾巴别动，响尾蛇！"叮叮突然大喊一声，同时伸手拦住了当当。

当当吓得赶紧止步，待她冷静下来，仔细一看却生气了："你这个烂豆芽，就会吓我，我怕蛇是不假，你也用不着拿一条死蛇来吓我吧。"当当说罢竟然赌气似的要拿脚去踢地上的"死蛇"。叮叮一看吓坏了，忙冲上去一把就把当当推了老远。

"小豆芽，你干什么呀？"当当这次是真生气了，对着叮叮大吼起来。

叮叮也不理她，拿出万能电子魔盒说了声"魔力千机变"，手中顿时多了根长棍子，拿棍子朝地上的蛇一碰，怪事发生了，那条蛇居然一下子跳起来咬住了棍子。当当吓得当时冷汗就下来了，不好意思地看了看叮叮，心想："我明明看见它是死的呀？"

　　响尾蛇，肉食性蛇类，主要分布于南北美洲。属爬行纲、蝮蛇科，一般体长约1.5～2米。身体呈黄绿色，背部具有菱形黑褐斑。在响尾蛇的眼和鼻孔之间具有颊窝，是灵敏的热能感受器，可用来测知周围敌人（主要是温血动物）的准确位置。它们喜欢吃肉，尤其是鼠类、野兔，也食蜥蜴、其他蛇类和小鸟。响尾蛇属卵胎生，每次产仔蛇多达8～15条。常多条集聚一起进入冬眠。

响尾蛇的尾部末端有一串角质环，又称响环，是多次蜕皮后的残存物，每次蜕皮便增加一节，成体一般有6～10节。当它四处游动时，鳞状物会掉下来或是被磨损。所以，野生蛇的响环上很少超过14片鳞片，而在动物园里饲养的蛇可能会有多达29片的鳞片。响尾蛇在遇到敌人或急剧活动时，迅速摆动尾部的响环（每秒约摆动40～60次），就像一种警报器，能长时间发出响亮的声音，致使敌人不敢近前或被吓跑，故此得名。

响尾蛇是一种管牙类毒蛇，奇毒无比，可以在短时间内将被咬者置于死地，更让人意想不到的是，死后的响尾蛇也一样危险。美国亚利桑那州凤凰城"行善者地区医疗中心"的研究者发现，响尾蛇在咬噬动作方面有一种反射能力，而且不受脑部的影响。即使这些响尾蛇已经被人击毙，甚至头部被切除后一小时内，仍可以弹起施袭。研究员访问了34名曾被响尾蛇咬噬的伤者，其中5人表示，自己是被死去的响尾蛇咬伤。

与酒同名——竹叶青

叮叮和当当来到一片竹林旁，看到几个孩子在竹林里挖竹笋，顿时玩性大发，同龄人总是能玩到一块儿，不一会儿他们便熟悉打闹起来。中午，那群孩子还给他们吃了竹筒米饭。

也许是饿了吧，后来叮叮和当当回忆起来，还觉得那是他们平生吃过的最好吃的米饭。时间过得真快，转眼太阳就要落山了。突然有一个叫铁蛋的孩子"哎呀"一声，叮叮他们忙跑过去看，只见铁蛋脸色铁青，已不省人事了，腿上有两个小孔，还流着血呢。铁蛋的哥哥虎子哭着说："这是被竹叶青咬的，我妹妹就是被竹叶青咬死的。"

叮叮忙拿出万能电子魔盒高喊"万化神通"，铁蛋顿时被一片耀眼的金光包围了起来。铁蛋醒了，当当的心算是放了下来，心想："好厉害的竹叶青啊！"

　　竹叶青，蝰蛇科蝮亚科的一种，又名青竹蛇、焦尾巴，通身绿色，腹面稍浅或呈草黄色，眼睛、尾背和尾尖为焦红色；体侧常有一条由红白各半的或白色的背鳞形成的纵线；头部较大，呈三角形；眼与鼻孔之间有颊窝（热测位器）；尾较短钝；头背都是小鳞片，成体全身可达60～90厘米。竹叶青主要分布于中国长江以南各省（区），甘肃文县、吉林长白山也曾发现。竹叶青为卵胎生蛇类，每年的8～9月间产仔蛇4～5条。别看它个子不大，攻击性却非常强，在福建、台湾、广东等省，是造成毒蛇咬伤的主要蛇种。

　　竹叶青具缠绕性，喜欢栖居在树上，适合生活在22℃～32℃的温度间，常被发现于海拔150～2000米的山区溪边草丛中、灌木上、岩壁或石上、竹林中，路边枯枝上或

田埂草丛中。竹叶青在夜间、傍晚或阴雨天最为活跃，以蛙、蝌蚪、蜥蜴、鸟和小型哺乳动物为食。

竹叶青咬人时的排毒量小，平均每次排出毒液量约30毫克，其毒性一般，中毒者很少死亡，但伤口处理不当或不及时则有危险。被竹叶青咬伤时，人体会感到剧烈疼痛，如同灼烧，局部红肿，可溃破，发展迅速，全身症状有恶心、呕吐、头昏、腹胀痛等；部分伤者有黏膜出血、吐血、便血等症状，严重的会出现中毒性休克。

无毒小青龙——翠青蛇

天色晚了，虎子和铁蛋他们便邀请叮叮和当当到家里去。叮叮和当当本来不想去，但经不住他们那里竹筒饭、小鸡炖竹笋等一大堆美食的诱惑，也就答应了。

路上当当看见了一条小青蛇便问："这就是竹叶青吧？"虎子过来看了看说："这是翠青蛇，不是竹叶青，我们这都叫它小青龙，是无毒的。"说着还把小青龙抓住放在口袋里，说是要回去养起来。

叮叮和当当原来容不得他人捕捉野生动物，然而这次他们却没有阻拦，也许是因为铁蛋刚被绿色的蛇咬过，也许是因为虎子铁蛋他们还是孩子，也许是因为虎子只是说捉回去养并没说杀了它……可到底为什么，他们也说不清。

　　翠青蛇，属黄颔蛇科，也叫小青龙或青蛇，中等体型，身体细长。成蛇体长为80～110厘米，头呈椭圆形，略尖，全身平滑有光泽，因活动区域不同，体色有深绿、黄绿或翠绿色，头部腹面及躯干部的前端腹面为淡黄绿色。它们动作迅速而敏捷，性情温和，一般不会主动攻击人类，在野外见到不明物体时会迅速逃走。野生个体以蚯蚓、蛙类及小昆虫为食，属卵生蛇类，每次产蛋5～12枚。

　　在我国，翠青蛇主要分布于南方中低海拔地区靠山的丘陵和平地，常在草木茂盛或荫蔽潮湿的环境中活动，不论白天晚上都会活动，但白天活动较为频繁。有很多人把翠青蛇误认为是竹叶青。其实它们是有区别的：翠青蛇体形比竹叶青大；竹叶青头

是明显呈三角形的，眼很小，是红色的，最外一行鳞片是红色和白色或红白相间，尾较短，呈焦红色，翠青蛇眼大呈黑色，全身为翠绿色，没有红白线，尾很长；翠青蛇是无毒蛇，而竹叶青是出名的毒蛇。

我国剧毒蛇种——蝰蛇

第二天，叮叮和当当辞别虎子和铁蛋继续上路，他们没有步行，而是用万能电子魔盒变出超级微型飞行器来高空观察。由于高空观察蛇类不太容易，他们还戴上了微型高倍观察镜。

"真清晰，就连地上的蚂蚁都看得一清二楚。"当当高兴得还唱起歌来。

"那儿有一条蛇。"叮叮道。

"我也看见了，它在那儿干什么呢？"当当问。

"像是在生小蛇。"

"蛇不是产蛋吗？怎么会生小蛇呢？叮叮仔细看了看说。

"我们下去看看好不好？"当当的好奇心又被调动起来。

"你等一下，咱先看看它是什么蛇再说。"鉴于先前经验，叮叮没有冒然行事。

他们开启万能电子魔盒"百变搜索"程序，才知道那是条蝰蛇，当得知那是一种出了名的毒蛇后，两人谁也没敢下去，只是在上空观察拍照。

　　蝰蛇，蝰蛇科毒蛇类的一种，主要分布在福建、广东、广西，以及印度、巴基斯坦、缅甸泰国等地。蝰蛇全长1米左右，重可达1.5千克以上，其头部呈三角形，较为宽阔，有巨大的毒腺，与颈部区分十分明显；吻部宽短且圆，吻部上端生有两个较大的鼻孔；头背的鳞很小而且起棱；体背部多为棕灰色，而且有3纵行大圆斑，每一圆斑的中央为紫色或深棕色，外周为黑色，最外侧有不规则的黑褐色斑纹；腹部为灰白色，散有深棕色的大斑。

　　蝰蛇属于卵胎生，每年7～8月份产仔，每次产仔十几条左右。它们生活在平原，丘陵或山区，喜欢在宽阔的田野中活动，很少到茂密的林区，主要以鼠、鸟、蜥蜴为食，常采用突袭方式捕食猎物。捕食时，蝰蛇会先将躯干前部向后曲，然后猛然离地再向前冲出并咬住猎物，一旦咬住就不再松口，直至将猎物吞食下去。夏季蝰蛇一般在丘陵地带活动，炎热时喜欢栖息在荫凉通风处。奇特的是，它们受惊时并不逃离，而是将身体盘卷成圈，并发出"呼呼"的出气声，身体不断膨缩，能持续半小时之久。蝰蛇每年9～10月之间活动最频繁，咬伤人畜较多，平均每条蛇咬物一次排毒量约为200毫克，是我国剧毒蛇类之一。

"草上飞"——蝮蛇

"那是什么蛇?"

"哪里,没有呀?"

"刚才我还看见有一条蛇在那儿爬呢,怎么一眨眼就不见了?"

"小尾巴,你是眼花了还是又做梦呢?"叮叮有些嘲笑地说。

"小豆芽,你说什么呢,我的眼神你还信不过?我刚才明明看见有条蛇。"

是呀,当当眼尖是出了名的,从没看错过,今天是怎么啦?想到这儿,叮叮道:"小尾巴,我们过去看看。"

等他们来到跟前才发现的确有蛇,而且还不是一条,蛇一见有人,蹭蹭两下又没影了。"这是什么蛇啊,跑得这么快。"叮叮自言自语地说。不过当当可早有准备,早用万能电子魔盒变出照相机,把那两条爬行如飞的蛇给拍了下来,待她把照片输入百变搜索程序,魔盒立刻显示:蝮蛇,又名草上飞。"草上飞?难怪跑得那么快……"叮叮不停地念叨着,并朝两条蝮蛇消失的方向追去。

　　蝮蛇，又名土公蛇或叫草上飞，头略呈三角形，头部背面灰褐色到褐色，有一深色"∧"形斑纹，腹面灰白到灰褐色，夹杂有黑色斑块，体长通常在60～70厘米之间。根据鳞片数目、头型、色斑以及分布区域的不同，蝮蛇在中国可分为3个亚种，即中介亚种、短尾亚种及日本亚种，是我国分布最广、数量最多的一种小型毒蛇。蝮蛇除食用外，还具有很高的医药价值。

　　蝮蛇栖于平原、丘陵、低山区或田野溪沟乱石堆下或草丛中，常弯曲成盘状。夜间活动频繁，春暖之后陆续外出寻找食物，捕食鼠、蛙、蜥蜴、鸟、昆虫等。蝮蛇的食欲较强，食量也大，通常先将猎物咬死，然后吞食。蝮蛇的繁殖、取食、活动等都受温度的制约，低于10℃或高于30℃时几乎不食不动。仔蛇2～3年性成熟，可进行繁殖。蝮蛇的繁殖方式和大多数蛇类不同，为卵胎生殖。胚胎在雌蛇体内发育，仔蛇生出就能独立生活。成活率高，每年5～9月为繁殖期，可产仔蛇2～8条不等。初生的仔蛇体长只有17厘米左右，体重也只有可怜的20来克。蝮蛇毒是以血循毒为主的血循、神经混合毒。被咬伤的人会出现局部肿胀疼痛，面色苍白、呼吸困难，心率加速、四肢厥冷、血压下降，急性肾功能衰竭等症状，但死亡率较低。

原始巨蛇——蟒蛇

　　叮叮和当当继续前行，试图找到那两条逃跑的蝮蛇，可是找了半天仍一无所获。叮叮、当当正准备休息一下，周围的鸟雀突然乱叫起来，叮叮和当当感到身上一阵阵前所未有的阴冷，两人不知道发生了什么事，忙四处打量，只见正前方大概三四十米外的草丛一阵乱动，灌木、毛草齐齐地向边倒去，硬生生地分出一条1米多宽的路。

　　叮叮和当当不知道是什么，但是已经感觉危险的存在，于是拿出万能电子魔盒喊了一声"魔力千机变"，两人立刻变成两只小鹰飞上树梢，刚刚落定，一条粗大的蟒蛇便已来到了他们刚才落脚的地方。

　　"哇，好大的蛇，足有十米多长，碗口那么粗。"当当惊呼道。

　　"是啊，幸亏我们跑得及时，不然，我们俩捆在一起也不够它一口吃的。"叮叮不停地为刚才的明智之举暗自庆幸。

哇，好大的蛇，足有十米多长，碗口那么粗。

蟒蛇，大型无毒蛇类，在我国广东、海南、广西、云南、福建等省区都有分布；在国外主要分布在缅甸、老挝、越南、柬埔寨、马来西亚、印度尼西亚等地。蟒蛇因所在地域不同又被称为：南蛇、黑尾蟒、金花蟒蛇、印度锦蛇、琴蛇、蚺蛇、王字蛇、埋头蛇、黑斑蟒、金华大蟒等。

蟒蛇是世界上最大的较原始的蛇类，体形粗大而长，体鳞光滑，背面浅黄或灰褐色，体表有对称的云状花纹，头黑色较小，喉下黄白色，眼背及眼下有黑色斑

块，体长一般5~7米，重在50~60千克。在雄蛇的肛门附近具有后肢退化的明显痕迹，但雌蛇几乎看不到。蟒蛇有成对的肺且较为发达，尾短而粗，具有很强的缠绕性和攻击性。

蟒蛇属于树栖性或水栖性蛇类，喜热怕冷，生活在热带雨林和亚热带潮湿的森林中，25℃~35℃间较为活跃，20℃时少活动，15℃时开始进入麻木状态，冬眠期长达4~5个月，如气温继续下降到5℃~6℃就会死亡，在强烈的阳光下曝晒过久也会死亡。蟒蛇食性广泛，善于游泳，喜欢夜间活动捕食。它们有尖锐的牙齿、猎食动作迅猛而准确，主要以鸟类、鼠类、小野兽及爬行动物和两栖动物为食，有时亦进入村庄农舍捕食；有时雄蟒也伤害家畜和人。蟒蛇多以突然袭击的方式咬住猎物，用身体紧紧缠住，将猎物勒死，然后从猎物的头部吞入。它们的胃口很大，一次可吞食与体重相等重或超过体重的动物，消化力强，除猎获物的兽毛外，皆可消化，但饱食后可数月内不再进食。

　　蟒蛇属卵生蛇类，繁殖期为每年的4～6月。雌性每次产卵8～32枚，多者可达百枚。卵似鸭蛋大小，白色，长椭圆形，每卵均带有一个"小尾巴"，重80克左右，孵化期60天左右。雌蟒产完卵后，有盘伏卵上孵化的习性。孵卵期不进食，体内发热，体温较平时升高几度，有利于卵的孵化。此时性情凶暴极易伤人。

戴着帽子的蛇
——眼镜蛇

　　叮叮和当当从未见到过这么大的蛇，今天能如此近距离观察自然是兴奋极了，饥饿都忘了，就在他们要离开的时候还目睹了蟒蛇吞食野猪的激烈场面。叮叮和当当本想一直观察下去，可是自己的肚子提出了抗议。两人只好来到一个小镇上找吃的，不料刚到镇口便被一个耍蛇人吸引住了。

　　"这是什么蛇，怎么像戴了个帽子？"当当问。

　　"是眼镜蛇，也是世界有名的剧毒蛇类。"叮叮一边看一边回答。

　　蛇随着音乐声翩翩起舞，还不时向耍蛇人发起攻击，不过，它的攻击是徒劳的，因为它的毒牙早就被耍蛇人给拔掉了。

　　眼镜蛇因其颈部扩张时，背部会出现一对美丽的黑白斑，看似眼镜状花纹，故名眼镜蛇，又因颈部肋骨可膨胀变大，而形成兜帽样子，所以被人们戏称为"戴着帽子的蛇"。它们的生存范围很广，从非洲南部经亚洲南部，再到东南亚岛屿之间都可见其踪迹。眼镜蛇毒牙较短，位于口腔前部，毒液由附于其上的沟分泌。这些毒液通常含能破坏被掠食者神经系统的神经毒素，会在短时间内影响被咬者的呼吸，尤其是较

大型种类的噬咬注入毒液的量较大，必须在被咬伤后尽快注射抗蛇毒血清，否则，后果不堪设想。在南亚和东南亚，每年发生相关的死亡案例足有上千起。

眼镜蛇经常出没于广阔的森林与农田，有时也会流窜到城市中，在下水道等阴暗地方长期生活下去。它们主要捕食啮齿类、蟾蜍、蛙类、鸟类以及部分蛇类。眼镜蛇是卵生动物，每年约4～7月之间产卵。雌蛇每次在地下的巢穴中，产下12～30枚蛇卵，经48～69天便可以孵化出小蛇。刚出生的眼镜蛇身长只有20～30厘米，而且出生不久就可以伤人，因为，它们已经具备了完善的毒腺。

眼镜蛇是耍蛇人最喜爱的，也是最常用的蛇种。耍蛇人会吓唬蛇，使眼镜蛇采取身体前部抬离地面的防卫姿势，并对耍蛇人的动作做出摇摆的反应，亦有可能是对耍蛇人的音乐做出反应，并作攻击状态。不过你千万不要担心它会伤人，因为耍蛇人知道如何躲避蛇较慢的攻击动作，而且早已将眼镜蛇的毒牙拔除了。

凶猛恶毒

——眼镜王蛇

　　叮叮和当当吃完饭回来时耍蛇人已经走了，两人决定去找一条没被拔掉牙的眼镜蛇研究一下。真是想什么来什么，他们进山没多久，当当就发现了一条眼镜蛇，只不过这一条比耍蛇人手中的那条可大多了，足有三四米长。叮叮和当当忙拿出万能电子魔盒叫了一声"魔力千机变"，两人立刻变成了两条和它差不多大小的眼镜蛇，为了保险起见，两人还穿上一套无形防身服。

　　两人刚一靠近，便被发现了，那条眼镜蛇还不分青红皂白地向他们发起了猛烈的攻击。两人只好躲到一棵大树后进行观察。这时候他们发现，这条眼镜蛇和先前见到的有点不一样，用万能电子魔盒一查才知道，这竟然是一条眼镜王蛇，专吃其他蛇类。看得叮叮和当当浑身冒凉气。

眼镜王蛇的别名很多，山万蛇、过山风波、大扁颈蛇、大眼镜蛇、大扁头风等等。眼镜王蛇虽然也属眼镜蛇科，但却是和眼镜蛇不同的种类。眼镜王蛇主要分布在我国云南、贵州、浙江、福建、广东、广西、海南、江西、西藏、湖南等地，其体形较大，一般长达3~4米，最大长度纪录达6米。眼镜王蛇头部呈椭圆形，但却是剧毒蛇类；颈部能膨大，颈部膨大时有倒写的"V"字形白色斑纹；身体的背面为暗褐色或黑色，中间还夹杂一些横斑；腹面多为黄白色，而颈部腹面则为橙黄色。幼蛇为黑色，有黄白色环纹。眼镜王蛇的外形一般与眼镜蛇很像，但眼睛非常明亮，时时闪着机敏和智慧的光芒，这是其他动物所无法比拟的。眼镜王蛇的生殖方式是卵生，每年

的7～8月产卵，每次产卵20～40枚，成年蛇产卵前会先在枯叶中作窝，产卵后也有护卵习性。

　　眼镜王蛇主要栖息于沿海低地到海拔1800米的山区，多于白昼在森林边缘近水处活动。它们的舌头很灵敏，能通过空气侦察敌情，辨别猎物的类别，主要食物就是与之相近的其他蛇类。所以在眼镜王蛇的领地，很难见到其他种类的蛇。当它们遇到危险时，会将颈部两侧膨胀起来，前身1/3竖起，并发出"呼呼"的响声。眼镜王蛇生性凶猛，会主动攻击人畜，咬住人后紧紧不放。它们的毒液为"混合性毒"，不仅

毒性强烈，而且排毒量大，一次可排出毒液400毫克，相当于致死剂量的好几倍；中毒者会感觉到局部的疼痛，四肢放射状烧灼感，5天后出现局部坏死，全身水泡，皮肤及皮下组织坏死；即便及时救治，创伤要几个月才能痊愈。

眼镜王蛇的肉具有通经络、祛风湿等功能，且又体大味美，深受美食家们的青睐。眼镜王蛇的皮可制革，制作高级工艺品。虽然在蛇的王国中，它们所向无敌，也一直被人类视为世界上最危险的蛇，但长期以来，却被人类一再捕捉杀戮。目前，此种群数量已急剧下降，处于濒危状况。现在，国内的部分动物园及养蛇场虽有饲养，

也都是从野外捉来的。由于多种原因，我们至今尚无法在饲养条件下正常产卵孵化眼镜王蛇的后代。在这种情况下，保护眼镜王蛇的自然生态环境，遏止或杜绝对野生眼镜王蛇的捕杀，也就成了此种群生存下去的唯一希望。

科普乐园

足尖下的
地球

装扮人间的
姹紫嫣红

乌龟爬上
鳄鱼背

百鸟朝凤的
天籁奏鸣

嫦娥奔月
不再是传说

互联互通的
新时代

助推人类
高速前进的**风火轮**

人类健康的
杀手or助手

人类家园的
绿色屏障

青蛙王子的
爱情

出门别忘了
戴小帽

水中轻歌曼舞的
美丽家族

谁是哺乳动物
之王

鼠标点击
新生活

当冷兵器
遇上**超级战舰**

科普乐园